本书得到国家自然基金项目"典型新型污染物 BPA 在含氯胺水管网输配过程中的迁移、转化及反应机理研究"（项目号：51508582）资助

含氯胺水输配过程中管材对水质的影响研究

Influence of pipe materials on water quality during chloramination disinfection of distribution drinking water

付 军 著

中国环境出版社·北京

图书在版编目（CIP）数据

含氯胺水输配过程中管材对水质的影响研究/付军
著. —北京：中国环境出版社，2016.5
ISBN 978-7-5111-2742-6

Ⅰ.①含… Ⅱ.①付… Ⅲ.①给水管道—影响—
水质—研究 Ⅳ.①TU991.21

中国版本图书馆CIP数据核字（2016）第054916号

出 版 人	王新程
责任编辑	张维平
封面设计	岳 帅

出版发行 中国环境出版社
（100062 北京市东城区广渠门内大街16号）
网 址：http://www.cesp.com.cn
电子邮箱：bjgl@cesp.com.cn
联系电话：010-67112765（编辑管理部）
010-67113412（图书编辑部）
发行热线：010-67125803，010-67113405（传真）
印 刷 北京中科印刷有限公司
经 销 各地新华书店
版 次 2016年8月第1版
印 次 2016年8月第1次印刷
开 本 787×1092 1/16
印 张 8.75
字 数 200千字
定 价 35.00元

摘　要

调查与研究表明，饮用水在管网系统中的输配过程对用户末端水质有重要影响。如何尽可能避免和控制饮用水输配过程中的"二次污染"，对保障用户端的饮用水安全具有重要意义。

本研究以上海杨树浦水厂出厂水以及北京市第九水厂出厂水为研究对象，针对消毒对输配水水质的影响，研究了不同输配管网中的水质变化规律、不同管材对水质的影响以及不同水质参数对输配过程水质变化的影响。结果表明，饮用水在输配过程中水质会发生明显变化，主要表现为消毒剂在管网输配过程中的衰减、金属离子的溶出、浊度的升高、消毒副产物的变化等。金属管材对水质的影响主要表现为金属的溶出及溶出金属沉淀析出而造成的浊度升高。采用 SEM（扫描电子显微镜）、EDX（能量弥散 X 射线谱）、XRD（X 射线衍射）等分析手段表征了金属管材内壁的腐蚀情况。pH、初始消毒剂浓度等水质条件对输配水水质有较大影响，提高出厂水 pH 能有效控制金属管材金属腐蚀、溶出和释放，是提高输配水化学稳定性的重要手段。消毒剂投量过大，其衰减速率加快，而且促进管材的腐蚀与金属溶出，不利于保障水质稳定与安全。优化出厂水消毒工艺的消毒剂种类和投量，在维持管网足够的消毒剂浓度的前提下尽可能降低消毒剂投量，是保证饮用水水质稳定的重要手段。

在模拟水质在不同管材系统中水质变化及对实际管网调研的基础上，重点针对金属管材（铜管、镀锌管）中金属离子铜、锌的溶出，深入探究了金属离子对消毒剂氯胺的稳定性及消毒副产物生成过程的影响。发现铜离子对氯胺有明显的催化降解作用，而锌离子对氯胺的衰减则没有任何影响。催化效果随着 pH 的降低而升高（pH 5.0~8.5），随着铜离子、氯胺初始浓度的增加而升高。UV 扫描显示，降低 pH 和加入铜离子对氯胺形态转化具有相同作用，进行固相萃取和 XPS 表征证实了催化过程中存在 Cu（I），并利用 ESR 表征进一步分析了反应过程中的羟基自由基和氨基自由基，提出了铜离子催化氯胺衰减的机理：①铜离子与氯胺的络合作用所产生的直接催化；②铜离子导致氯胺溶液中产生自由基所引发的间接催化。直接催化类似于质子酸催化氯胺分解的过程，铜离子的络合作用

i

促进了氯胺的形态转化，二氯胺形成后再与一氯胺很快发生氧化还原反应生成产物 N_2，Cl^-，NH_3 和 H^+ 等。间接催化过程中产生的羟基、氨基自由基对氯胺的衰减也有一定的贡献，但自由基反应产生的催化作用要明显低于铜离子络合产生的直接催化作用。对比研究了不同 pH 条件下腐殖酸氯化和氯胺化过程中铜离子对 THM 生成的催化作用，结果显示铜离子对消毒副产物 THM 的生成具有明显的催化作用，催化效果均随 pH 升高而降低，同时氯胺化过程的催化效果更明显。碳酸盐存在下的实验证明了铜离子投加导致氯胺分解产生羟基自由基是催化作用的原因之一。通过模型有机化合物的研究，提出铜离子催化作用的机理主要是因为促进了腐殖酸中柠檬酸类结构生成 THM 的反应过程。

Abstract

Former investigation indicated that the transportation showed great influence on the quality of tap water. It is important to avoid and control the "secondary pollution" to assure the safe drinking water with high quality.

This study holds on the key point of disinfection to investigate the trends of quality variation during transportation，the impact of different pipeage on water quality，and the influence of water parameter on water quality during transportation. The treated water from Yangshupu Water Works is employed as raw water in this study. Results of this study show that water quality shows obvious difference during transportation，which mainly includes as the decay of disinfectants in pipeage，the increase of metal concentration and turbidity，therefore showing obvious influence on the safety on drinking water. The decay of disinfectants，the release of metals and the formation of chlorined disinfection by-products are the main parameters for disinfectants as chlorine and chloramines. Metal pipeage exhibits to increase metal concentration and subsequent turbidity，which is due to the coprecipitation of metal ions. There shows no obvious pollutants release for organic pipeage. Such parameters as pH and initial disinfectants concentration show great impact on transported water. The elevation of pH would steadily control the metal corruption and release，and is important means to increase chemical stability for drinking water. The decay of disinfectant acceletates at higher disinfectants dosage and facilitates pipeage corruption and metals release. It is critical to optimize the kinds and dosage of disinfectants，and reduce the dosage of disinfectants as possible to assure the stabilization of drinking water.

Experimental results showed that monochloramine decomposition can be catalyzed by Cu（II） in simulated and real drinking waters. The catalytic effectiveness was obviously affected by Cu（II）concentration. The decomposition of monochloramine was more enhanced when the initial Cu（II）concentration increased during $0 \sim 1.0$ mg/L. The pH also played an important role in the decomposition of monochloramine. The catalysis became more significant when the pH decreased from 8.0 to 6.1. It was also observed that monochloramine was less stable than chlorine when Cu（II）was present in moderately acidic solutions. The mechanism of monochloramine decomposition catalyzed by Cu（II）in aqueous solution was investigated. Ultraviolet（UV）spectral results showed that either Cu（II）addition or pH decrease would significantly promote the transformation of monochloramine to dichloramine. A copper intermediate，Cu（I），was extracted from the NH_2Cl-Cu（II）solution by solid-phase extraction and identified by X-ray photoelectron spectroscopy（XPS）. Electron spin resonance（ESR）results showed that hydroxyl radical（·OH）and amidogen radical（·NH_2）were generated in the reaction between monochloramine and Cu（II）. These radical intermediates also contributed to monochloramine decomposition. Based on the experimental results，the reaction mechanism for Cu（II）- catalyzed monochloramine decomposition was proposed which consisted of two pathways：① direct catalysis in which Cu（II）acts as a Lewis acid to accelerate monochloramine decomposition to dichloramine（major pathway）；and ② indirect catalysis in which the active radical intermediates（·OH and ·NH_2）react with monochloramine and lead to its decomposition（minor pathway）.

The catalytic effect of Cu（II）on trihalomethane（THM）formation during chlorination and monochloramination of humic acid（HA）containing water was comparatively investigated under various pH conditions. Results indicate that in the presence of Cu（II），the formation of THMs was significantly promoted as pH decreased in both chlorination and monochloramination. More THMs were formed during Cu（II）-catalyzed monochloramination which was partially due to enhanced hydroxyl radical（·OH）generation as demonstrated by electron spin resonance（ESR）analysis. To discriminate the reactive moieties of HA，nine model compounds，which approximately represented the chemical structure of HA，were individually oxidized by chlorine or monochloramine. Results show that Cu（II）could promote THM formation through reacting with citric acid and similar structures in HA. During chlorination and monochloramination of citric acid in the absence of Cu（II），major intermediates including chlorocarboxylic acid，chloroacetone and chloroacetic anhydride were identified. However，the catalysis of Cu（II）did not produce any new intermediate. The complexation of Cu（II）with model compounds was characterized via FTIR analysis. The reaction mechanism for Cu（II）-catalyzed THM formation was proposed to comprise two pathways：① indirect catalysis in which ·OH oxidizes the large molecules of HA into small ones to enhance THM formation；and ② direct catalysis in which Cu（II）complexes with HA to accelerate the decarboxylation steps for THM formation.

目　录

引 言

1 背景及意义

  饮用水输配是城市供水系统中的重要环节，供水管网状况对终端用户水质有直接影响。目前，我国大多数的城市供水企业把提高水质的工作主要用于水厂的净化处理工艺上，往往忽略了供水管网产生的水质污染问题。事实表明，即使水处理的技术和工艺非常先进，出厂的水质比较高，如果在输送过程中发生了二次污染，用户仍然不能得到满意的水质，甚至会对人的生命健康造成威胁。

  近年来，对水输送管网可能造成的水二次污染的重视日益提高。目前对管网的研究主要集中在对金属管材腐蚀的研究、输水管道中微生物的研究以及消毒剂在管网中的衰减和消毒副产物的生成几个方面。其中管网中消毒剂的衰减和消毒副产物的研究，主要集中在建立模型预测水质变化等。事实上，由于输配水管网结构布局错综复杂，各种附属设备相互交联，管道的材质、管径、使用年限也不尽相同，因而所预测的最终水质指标体现的是一个综合的结论，最终水质变化的引发因素和影响机制无法反映。饮用水从处理厂经长距离的输配、蓄积设施到用户终端，由于用户端所处管网位置的不同，停留时间通常在数小时至数天之间。在这个过程中，水与管道内壁和附属设备内表面接触，会发生许多复杂的物理、化学和生物反应，从而不可避免地导致水质发生不同程度的变化。在这个过程中，各种管材对水质指标的变化产生影响，因而对管材的研究显得尤其重要。同时，管网系统建设中管材选择是一个重要环节，不仅关系到建设成本、资源消耗等方面，而且管材对水质的影响也不容忽视。管壁上滋生的生物膜和管线腐蚀产物会导致水质恶化。因此将高品质饮用净水送到千家万户，管材的类型与质量至关重要。

  保持一定浓度水平的二次消毒剂（氯，氯胺）是维持饮用水输送过程中水质稳定的关键要素之一。但活性氯的存在在控制水体中微生物繁殖的同时，也会带来很多负面影响。譬如，不可避免地和天然水体中的有机物反应生成有致癌、致畸的消毒副产物；另外，由于活性氯具有强氧化性对金属管材的腐蚀影响也不容忽视。本书选取了目前饮用水输配中常见的几类户线管材（铜管、PPR 管、PE 管、不锈钢管和镀锌管），全面地了解了市政饮用水在这五种管中输送时，各管中的主要水质指标的变化情况。在此基础上，以重点水质指标氯胺为对象，考察了五种管中氯胺分解的影响因素，以及氯胺存在条件下，会对金属管材腐蚀产生的影响。在考察了各管中氯胺消耗的影响因素之后，揭示不同管道中消毒副产物的不同生成规律，并结合考察氯胺化水对铜管中铜离子溶出影响，发现铜离子对氯胺分解和消毒副产物生成的影响，阐明了铜离子催化氯胺分解及消毒副产物的生成规律的机理。

2　主要研究内容

（1）建立户线和干线管材实验评价系统，并在此基础上研究含氯胺水在不同户线管材（铜管、PPR 管、PE 管、不锈钢管和镀锌管）和不同干线管材管道输送过程中，管材对水质各项化学和生物指标的影响。

（2）针对各管中水质差别较大的氯胺消耗情况，分别考察 pH、初始氯胺浓度等因素对各管材中氯胺消耗速率的影响。结合实际管网水质的考察，对实验室模型研究进行验证。

（3）结合 XPS，XRD，SEM 和 EDX 技术对铜管、镀锌管、铸铁管表面腐蚀成分进行分析；重点研究溶出金属铜离子对氯胺衰减的促进及消毒副产物生成的作用机理。

3　整体框架图

本书以水处理过程中氯胺消毒为研究核心，在全面考察了含氯胺水在五种户线管材和 3 种干线管材管道输送过程中，各项水质指标变化的基础上，重点考察了各管中氯胺衰竭的影响因素、生物稳定性参数（AOC、HPC）及消毒副产物的生成情况。并以铜管中消毒副产物的生成情况为代表，结合氯胺化水对铜管腐蚀的影响，研究了金属管道中消毒副产物生成的各项影响因素及作用机理。

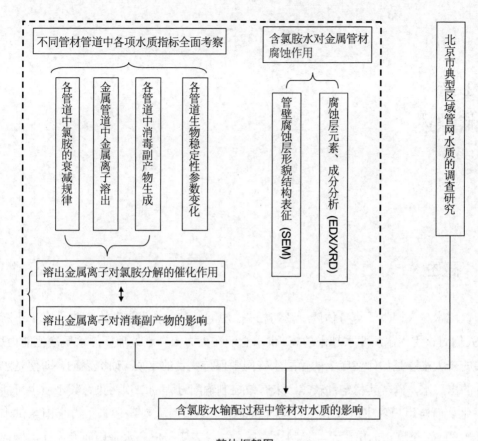

整体框架图

第 1 章
文献综述

1.1 概述

　　饮用水与人们生活与身体健康密切相关。随着经济社会发展与人们生活水平不断提高，人们对饮用水水质要求越来越高。供水企业在大力提高水处理厂的水质净化能力后，面临的一大难题是如何在庞大的输配水管网中保持优良的水质。研究表明，即便是水质优异的出厂水，倘若其稳定性较差、未有效控制输配过程的二次污染，其水质也可能发生恶化从而对用户健康造成潜在的风险。事实上，曾有人对比调查了占全国总供水量42.44%的 36 个城市的出厂水与管网水水质，结果表明，出厂水平均浊度为 1.3 度，而管网水增加到 1.6 度；色度由 5.2 度增加到 6.7 度；铁由 0.09 mg/L 增加到 0.11 mg/L；细菌总数由 6.6 cfu/mL 增加到 29.2 cfu/mL。可见，管网输配过程中确实会对水质造成很大的影响。因此，如何提高出厂水稳定性，尽可能避免和有效控制水在管网输配过程中的"二次污染"，已成为保障安全优质饮用水供给的关键问题。

　　影响管网输配过程水质变化的因素很多，其中包括出厂水水质、输配水管材材质、管网布局、管网运行维护以及二次供水设施等。国内外曾就管网输配过程的水质稳定化和"二次污染"控制技术，进行过一定程度的研究。第一，在管网布局设计时，应进行管网布局优化，尽可能使水在管网系统中处于循环流动状态，避免水在管道内长期滞留甚至"死水"现象的发生。第二，在水处理过程中，考虑到管网对水质的化学稳定性和生物稳定性的要求，应尽可能采用先进的处理工艺和深度处理技术，尽可能保证出厂水的稳定性；或者对出厂水采用必要的手段进行水质调节，提高水质稳定性。第三，针对出厂水水质特点及市政管网规模布局，确定最适宜的消毒剂种类、投量及其组合工艺。第四，在输配水管材选取过程中，应选择针对当地水质特征的管材，尽可能减少水对管材的腐蚀而造成的水质恶化。此外，对管道及其附属设施、二次供水设施等，应及时进行规范的维护，避免外部污染源进入管网系统。

1.2 输配过程水质污染控制技术研究的进展

1.2.1 饮用水水质标准及其发展

自来水是城市人民生活所必需的物质资源，它应是安全、清洁、无臭无味、可口好喝的。"饮用水水质标准"就是为达到此目的而制定的。随着人们生活水平越来越高以及科学技术的日益发展，水质标准也在不断修订提高。

城镇供水企业最早执行的是国家 1985 年的《生活饮用水卫生标准》（GB 5749—85）。国家标准 GB 5749—85 代表了我国 80 年代的水平，检测项目共 35 项。由于城市水源的污染，不少供水企业努力采取措施提高出水水质，自觉地以《城市供水行业 2000 年技术进步发展规划》中水质标准或西方发达国家的饮用水水质标准作为衡量标准，以满足人们对饮用水水质越来越高的要求。至 2007 年 7 月 1 日，我国新的《生活饮用水卫生标准》开始实施，水质指标从原来的 35 项增加到 106 项，其中 42 项属于强制检测项目。

有关资料显示，我国 660 多个设市城市的 3 000 多家水厂中，能完全执行 106 项检测的不超过 10 家；即使能检测 42 个强制项目的水厂也只有 15%左右；另有约 51%的水厂根本没有检测能力。

事实上，大多数城市供水部门把水处理技术工艺革新和提高出厂水水质作为工作的重点，而管网输配过程中所产生的水质问题未引起足够重视。除了水质检测能力滞后之外，城市供水管网的老化现象也非常严重。供水管网老化，不仅容易造成漏损率增加、停水事故频发，同时也会进一步影响供水水质。

1.2.2 管网水质化学稳定性及评价方法

管网水质二次污染的问题是多因素共同作用的结果，其中化学稳定性和生物稳定性是导致管网水质理化污染和微生物污染的两个重要参数。目前，国内外在管网水质化学稳定性方面的研究成果较多。管网水质的化学稳定性是指水在经过处理进入管网后其自身各种组成成分之间继续发生反应的趋势，即水在管道输送过程中既不结垢又不腐蚀管道。在水工业中水质的化学稳定性常被定义为既不溶解又不沉积碳酸钙。水中的 $CaCO_3$ 溶解平衡体系一般是指重碳酸钙、碳酸钙和二氧化碳之间的平衡。如水中游离二氧化碳含量少时，则发生碳酸钙沉淀，如超过平衡量时，则发生二氧化碳腐蚀，反应式如下：

$$Ca(HCO_3)_2 \longrightarrow CaCO_3 + CO_2 + H_2O \qquad (1\text{-}1)$$

水体在管网中运行通常会在管道表面形成一层 $CaCO_3$ 沉淀，当水体达到 $CaCO_3$ 溶解平衡时，该层 $CaCO_3$ 沉淀成为一种保护膜有效地阻隔水体与管壁的直接接触及溶解氧向管道表面的扩散，从而减缓管道腐蚀；当水中的 $CaCO_3$ 过饱和时，倾向于持续沉淀析出 $CaCO_3$，这种水体在管道中流动时，会不断产生 $CaCO_3$ 沉淀沉积在管壁上，引起结垢现象，称为结垢性水。当水中 $CaCO_3$ 含量低于饱和值时，则倾向于使已沉淀的 $CaCO_3$ 溶解，这种水在金属管道中流动时则会溶解管道内壁的碳酸钙保护膜，对金属产生腐蚀作用，称为腐蚀性水。因此，达到 $CaCO_3$ 溶解平衡，既无沉淀 $CaCO_3$ 倾向，也无溶解 $CaCO_3$ 倾向的水，才是化学稳定性良好的水。

为了对水质的腐蚀性和结垢性进行研究和控制，必须建立一个评价水质化学稳定性的指标体系，以对水质化学稳定性进行定性或者定量的判别，才能针对不同水体采取相应的化学稳定性控制与调节措施。水质化学稳定性的判别指数分为两大类：一类主要是基于碳酸钙溶解平衡的指数，如 Langelier 饱和指数 I_L，Ryznar 稳定指数 I_R，碳酸钙沉淀势 CCPP 等；另一类则是基于其他水质参数的指数，如 Larson 比率等。Langelier 饱和指数与 Ryznar 稳定指数较为普遍地应用于水体的腐蚀性倾向性和水质化学稳定性的评价，可以简易、快捷地对目标水体的化学稳定性进行定性判断。两种指数的评价方法见表 1-1 和表 1-2。

表 1-1　Langelier 饱和指数评价体系

I_L	$I_L>0$	$I_L = 0$	$I_L<0$
水质化学稳定性	有结垢倾向	基本稳定	有腐蚀的倾向

表 1-2　Ryznar 稳定指数评价体系

I_R	4.0～5.0	5.0～6.0	6.0～7.0	7.0～7.5	7.5～9.0	>9.0
水质化学稳定性	严重结垢	轻度结垢	基本稳定	轻微腐蚀	严重腐蚀	极严重腐蚀

Larson 比值（L_R）[1, 2]是基于对铁的腐蚀速率研究的基础上建立起来的，其表达式为：

$$L_R = \frac{[Cl^-] + 2[SO_4^{2-}]}{[HCO_3^-]} \qquad (1-2)$$

为了有效控制铁的腐蚀速率，应使 L_R 值小于 0.2～0.3。Cl^- 和 SO_4^{2-} 能够促进铁的腐蚀，HCO_3^- 能够抑制铁的腐蚀，铁的腐蚀速率与二者的比值呈正相关。另有研究发现 Cl^- 对有些管壁上的钝化保护层有破坏作用，对钢管还有诱发点蚀的现象。Larson 比值的有效性可以从许多化学作用机理上得到支持，也与高硬度、高缓冲能力的水腐蚀性较弱的实验观察相一致。

其他腐蚀指数还有如 Riddick 指数（R_I）[3, 4]、改进的 LSI 指数等[5]。这类指数的建立是在模型中引入更多与腐蚀有关的水质参数，以期能够更准确地预测实际的腐蚀情形。

1.2.3　输水管材及其发展

水质会受到输配过程中所采用的管道材质的影响，尤其是在大型的输配管网中，许多材料都会用到，材质的影响更加明显[6]。目前我国常用的输配水管材有铸铁管、钢管、球墨铸铁管、给水塑料管（UPVC 管、PE 管等）、压力水泥管、玻璃钢管、铝塑复合管、衬里钢管（PVC 衬里、PE 粉末树脂衬里）等，虽然住建部已禁止铸铁管的使用，但是目前在国内城市地下已铺设的管道中，铸铁管仍占相当大的比例。当出厂水具有腐蚀性或管道使用年限过长时，铸铁管内壁就会腐蚀结垢沉积，锈蚀物中含有大量的铁、铅、锌和各种细菌及藻类，当管道内水流速度、方向或水压发生突变时，就会造成短时间的水恶化，出现铁、锰、色度、浊度和细菌等指标值的大幅度上升，同样作为主要给水管材的镀锌钢管也存在着类似的问题（早在 20 多年前，日本、新加坡等国就已开始禁止镀锌钢管的使用，上海已从 1999 年 10 月 1 日起，逐步淘汰镀锌钢管）。有研究表明，对于未作防腐处理的金属管道，当年限超过 5～10 年时，污垢就已达到了恶化水质的程度，对于防腐处理较差的金属管道，3～5 年就开始出现腐蚀现象，管道使用年限越长，腐蚀越严重，水质状况越糟。

1.2.3.1　常用输配水管材的应用现状

（1）镀锌钢管。镀锌钢管镀锌层易遭受侵蚀性水体的腐蚀，尤其是低硬度水体；温度较高或热水系统中，腐蚀速度加快；腐蚀程度受管道制作工艺以及镀锌层性能影响大。发生腐蚀时可能给水体带来铁、锌、钙、铅污染物。由于镀锌钢管极易发生腐蚀，工业发达国家已经较少应用。但镀锌钢管具有加工制作简单，价格低廉的优点，因此在我国中小城市中，镀锌钢管仍大量用作小口径用户配水管。随着新型管材的不断推出以及水质标准的提高，已经出现采用 PE 管、PVC 管、不锈钢管等替代镀锌钢管的趋势。

（2）钢管。钢管通常易遭受均匀腐蚀，在溶解氧和余氯含量高，缓冲能力差的水体中遭受腐蚀较为严重。可能给水体带来铁污染，造成浊度升高及"红水"现象。在城市供水管网中，钢管作为主要金属管材之一已经应用了 5 个世纪。虽然钢管易发生腐蚀，但它具有耐压力高，韧性强，管壁薄，重量轻等优点，因此在城市供水领域仍将大量沿用。

（3）铸铁或球墨铸铁管。对于侵蚀性强的水体，易于遭受冲蚀。在缓冲能力差的水体中，易于生成腐蚀瘤。可能给水体带来铁污染，造成浊度、色度升高及"红水"现象。铸铁及球墨铸铁管耐腐蚀性能较好，价格便宜。缺点是质脆，重量大、不均匀、易于发生爆管。在城市供水领域中，它主要作为大口径供水干管大量使用。

（4）铜管。在国外应用广泛，但由于价格昂贵，国内应用较少，多应用于热水系统中小口径管道。由于铜质管材相对于铁质管材具有良好的耐腐蚀性能，加之其易于施工等特点，铜管作为室内给水管材在欧美国家得到越来越多的应用。但是在实际应用中发现，铜管并非完全不受水的腐蚀，由于饮用水中溶解氧和自由氯等氧化剂的存在，以及水中能够与铜形成可溶性络合物成分的存在，铜管的腐蚀仍是普遍存在的，并且在某些情况下还表现得特别严重。

（5）不锈钢管。具有良好的耐腐蚀性，在国外应用广泛，但由于价格昂贵，国内应用仍然较少，多应用于用户小口径配水管。

（6）有机管材。有机合成材料在管网系统中应用得越来越广泛[7]。目前塑料管材在全世界的管道安装中占了近54%，其中聚氯乙烯（PVC）占了62%，各种形式的聚乙烯（PE）占了33.5%[8]。选择聚合体如高密度聚乙烯（HDPE）和氯化聚乙烯（cPVC）管较耐用，经济实惠，逐渐成为传统金属管材的替代品。

1.2.3.2　有机管材对管网水质臭味的影响

有机聚合材料为了加强耐用性和改变颜色等目的，材料中往往包含大量的有机和无机添加剂。这些添加剂包括抗氧化剂、稳定剂、润滑剂、软化剂和着色剂等。为此大量的研究主要是针对聚合材料生产中添加剂的化学分析，并关注其向水中溶出释放以及可能对水质安全造成的影响。这些研究包括对一些目标有毒污染物的控制[9]，界定对饮用水感官影响的污染物[10]，测定释放到水中的挥发性有机物（VOC）和非挥发性有机污染物（NVOC）[11]。从管道、内衬和储水器等输水管道系统使用的材料中释放到水体的有机物会对水的臭味产生影响[12-14]。当水在 HDPE 或是 PVC 管道中暴露 72～96 h 后，水中 TOC（总有机碳）会增加，残留活性氯会降低。HDPE 管中 TOC 增加的幅度比 PVC 管中更加明显。HDPE 管中释放的化学物质主要有特定的酮、酚和烃类物质，这些物质被认为是水中异味的主要来源。并且 HDPE 管比 PVC 管对消毒剂的消耗更严重，这可能是由于具有氧化性的消毒剂和制造过程中的抗氧化剂或是聚合体本身发生反应造成的[15]。有研究报道 PVC 管中溶出了多种氯代物及其他有机污染物。还有研究表明高密度聚乙烯管材 HDPE 向水体释放的有机物成分主要是 2,4-二叔丁基-苯酚，它的主要来源是管材中的抗氧化剂（亚磷酸酯类加工稳定剂），同时释放的有机物还含有酯、醛、酮、芳香烃及萜类等一系列成分。塑料管材在输配水过程中对臭味的影响一般采用 CEN 方法进行综合评估。

1.2.3.3　金属管材腐蚀对管网水质的影响

腐蚀是影响饮用水安全输送最重要的问题之一。管材因腐蚀而造成的损坏使供水企业不得不每年投入大量的资金进行维修和更换。腐蚀通常会引起水中金属元素浓度的增加。饮用水中的有毒金属（如铅和镉）几乎都是来源于腐蚀引起的溶出过程。腐蚀导致的铁、铜和锌等元素的释放虽然对人们健康的影响相对较小，但所产生的浊度、色度和金属异味会给人们带来感观的不悦和在洗涤时沾污衣物。这些元素还会增加废水处理过程的金属元素负荷，影响污泥的处置和利用。美国环保局在 1991 年颁布了铅和铜污染法规，对供水管网中铅和铜的污染水平做出了严格的限制。

腐蚀带来的问题还包括以下几个方面：一方面，腐蚀产物形成的结核（Tubercles）增加了水的输送阻力，影响输水能力；严重的点蚀引起管漏的产生，导致水的损失和水的失压；需要增加消毒剂的用量以保证管内的消毒剂余量。对于管内腐蚀来说，水的物理和化学特征是影响的主要外在因素。水在管网中流动的过程中与管道内壁接触发生相互作用，而这种相互作用因管材和水质的不同而有很大的差别。水对管道的腐蚀包括物理的、化学的和生物的作用等多个方面。物理作用的一个重要表现是水对管壁的水力冲刷，高强度的水力冲刷会破坏管壁表面长期形成的保护层，同时也促进了参与腐蚀反应的物质传输过程，从而加速了腐蚀进程。一般而言，金属管道在使用较长时期后，会在其内壁形成一个腐蚀产物层。这一腐蚀层覆盖在金属基体之上，既可以成为金属元素往水相中释放的来源，又是基体金属的腐蚀产物往水中释放的必由通路。致密稳定的腐蚀层可以保护金属基体免受进一步的腐蚀，又可以减轻水所受到的金属污染。另一方面，金属腐蚀层还是微生物栖息和繁殖的重要场所。因此，研究金属的腐蚀以及腐蚀产物层形成的机理和特征对供水管网的水质保证具有重要意义。

（1）铁质管材腐蚀的机理研究

在供水管网中普遍使用的铁质管材一般为铸铁管和镀锌钢管，而镀锌钢管在长期使用后，内表面的镀锌层逐渐失去保护作用而使基体金属受到腐蚀。铁的腐蚀和铁的释放是既相互联系又相互区别的过程。前者主要指铁基体的氧化和腐蚀产物的形成，而后者主要指溶解态或颗粒态的铁由管壁往水相中的转移。腐蚀通常由铁的重量损失来衡量，而铁的释放是由测定水中铁的浓度来衡量[16]。

颗粒态铁的释放常常是由于水力冲刷作用造成的，这是一个物理过程。当水力条件变化时，管壁表面那些较为疏松的沉积物会裹挟到水相中去。但在大多数情况下，铁的释放是由于腐蚀层物相的溶解或腐蚀层内部溶解态的铁往水相中扩散造成的，涉及一系列复杂的物理和化学过程。

理论上，水溶液相和铁相共存时，在任何 pH 条件下都不存在铁的稳定区域，即铁在水溶液中的腐蚀是不可避免的。并且铁的腐蚀通常以原电池反应形式发生，金属铁作为电子供体，水中的溶解氧通常作为电子受体，水中的无机和有机离子作为电解质而发生如下的反应：

$$Fe \longrightarrow Fe^{2+} + 2e^- \tag{1-3}$$

$$0.5O_2 + H_2O + 2e^- \longrightarrow 2OH^- \tag{1-4}$$

上述反应产生的亚铁离子经过一系列复杂的氧化和化学转化过程形成多种不溶性的产物释放到水相中或沉积在管壁表面上形成腐蚀层。了解腐蚀层的组成结构和形成过程是揭示铁的释放机理的一个重要方面。研究表明，铁质管材表面腐蚀层的化学组成成分主要包括 $CaCO_3$、针铁矿（Goethite，α-FeOOH），磁铁矿（Magnetite，Fe_3O_4）和纤铁矿（Lepidocrocite，γ-FeOOH）[6, 16]等结构的氧化物。在新鲜采集的管道腐蚀产物样品中，通常还会发现菱铁矿（Siderite，$FeCO_3$）的存在[17, 18]。$FeCO_3$是一种较不稳定的成分，被认为是形成其他铁氧化物成分的中间形态。Singer 和 Stumm 的研究表明，在饮用水的 pH 范围内和有碳酸盐碱度存在时，$FeCO_3$是控制水中溶解态铁浓度的物相[19]。另有研究者在铸铁管的腐蚀层中还发现了一种"绿锈"晶体物质，其成分是含有氯离子、硫酸根或重碳酸根阴离子的水合亚铁和三价铁的混合氧化物[20]。基于对释放到水相中铁的来源认识的不同，对铁的释放机理有不同的认识。Sontheimer 等经过实验研究认为，由铁的基体腐蚀产生的亚铁离子的释放和腐蚀层中亚铁组分的溶解是造成水相中铁浓度升高的主要原因，并提出了解释铁的释放机理的 $FeCO_3$ 模式（Siderite Model）[18]。该模式认为，铁腐蚀产生的 Fe^{2+} 在缓冲能力较高的水中首先形成 $FeCO_3$，然后 $FeCO_3$ 经过慢速的氧化过程可以形成对金属基体有良好保护作用的氧化物层，它能够限制溶解氧通过扩散穿过腐蚀层对金属基体造成腐蚀。如果水质条件不利于形成这样一种保护层，铁基体的腐蚀就会直接造成大量铁往水相中释放。Siderite（$FeCO_3$）模型将腐蚀瘤内的复杂反应分成三级：

第一级反应：

$$Fe \longrightarrow Fe^{2+} + 2e^- \tag{1-5}$$

$$1/2O_2 + H_2O + 2e^- \longrightarrow 2OH^- \tag{1-6}$$

$$HCO_3^- + OH^- \longrightarrow CO_3^{2-} + H_2O \tag{1-7}$$

第二级反应：

$$CO_3^{2-} + Ca^{2+} \longrightarrow CaCO_3(s) \tag{1-8}$$

$$CO_3^{2-} + Fe^{2+} \longrightarrow FeCO_3(s) \tag{1-9}$$

$$2Fe^{2+} + 1/2O_2 + 4OH^- \longrightarrow 2\alpha-FeOOH(s) + H_2O \tag{1-10}$$

第三级反应：

$$2FeCO_3(s) + 1/2O_2 + H_2O \longrightarrow 2\alpha-FeOOH(s) + 2CO_2 \tag{1-11}$$

$$3FeCO_3(s)+1/2O_2 \longrightarrow Fe_3O_4(s)+3CO_2 \qquad (1-12)$$

Sarin 等对铁的释放机理做了进一步研究认为，铁的释放是由管壁上腐蚀氧化物层的物理化学性质控制的，并且腐蚀层的结构从外到内是不同的。在最外层主要是由三价铁氧化物（如 Fe_3O_4，α-FeOOH，γ-FeOOH）构成，结构比较致密。而在这一致密层以下则是由亚铁氧化物为主的多孔疏松腐蚀产物，并且此处亚铁离子的浓度可以达到极高的程度（$0.1\sim100$ g/L），氧气或自由氯等氧化剂能够将扩散到腐蚀层表面的亚铁离子氧化成不溶性的三价铁产物从而抑制铁往水相中的释放[20]。

Sander 等还报道了应用表面络合理论来解释铁腐蚀产物在水中的溶解特性。他们把研究重点放在腐蚀产物层的外表面和水之间的相互作用，认为铁的溶解与其所形成的表面络合物的浓度有关。铁氧化物通过其吸附的水分子的离解而形成表面羟基，这些表面羟基既可以进行脱质子反应也可以进行质子化反应。当与水中的阳离子结合时，表面会释放出质子；当与阴离子结合时，羟基就会被置换下来，因而这些过程强烈地受 pH 变化的影响。表面络合的概念虽然可以成功地解释许多受表面控制的金属氧化物和矿物的溶解反应过程，但应用于供水管网中铁的释放这样复杂的过程还有待深入研究[21]。

铁的腐蚀和释放不仅在有氧的条件下会发生，在无氧的条件下，铁的腐蚀和释放也会发生。为了解释这一现象，Kuch 提出，在缺氧的情况下，管壁上原先存在的三价铁形态的氧化物会作为电子受体与金属铁发生反应：

$$Fe+2FeOOH+2H^+ \longrightarrow 3Fe^{2+}+4OH^- \qquad (1-13)$$

从而使得铁的腐蚀反应能够继续进行。纤铁矿（Lepidocrocite，γ-FeOOH）被认为是易于还原的三价铁形态，而它通常是在亚铁离子的快速氧化条件下形成的。Smith 等的研究证实了 Kuch 机理并发现水在管道中停滞、缺氧和温度较高的情况下最易导致"红水"现象的发生[22]。

（2）管网内壁腐蚀瘤的基本结构模型

Herro 和 Port[23]在 1993 年提出了给水管网内壁腐蚀瘤的基本结构模型。他们在研究中发现腐蚀瘤大体由四层组成，如图 1-1 所示。

1）腐蚀基层（corroded floor）。腐蚀瘤下被腐蚀的金属表面被称做腐蚀基层，它也是腐蚀瘤中铁的来源。

2）多孔疏松内核层（porous core）。腐蚀瘤的内核是疏松多孔的丝状或球状物聚合体。当管道通水时，腐蚀瘤的内核层处于固液共存态，内核层中的孔洞被水流充满。Herro 认为孔洞可能是在酸性条件下形成的。在内核层中，从下至上，铁的价态有着从二价逐渐变成三价的趋势。靠近腐蚀基层的铁大多以二价形式存在，靠近硬壳层的铁大多以三价形式存在，中间则多为二价和三价共存的绿垢。

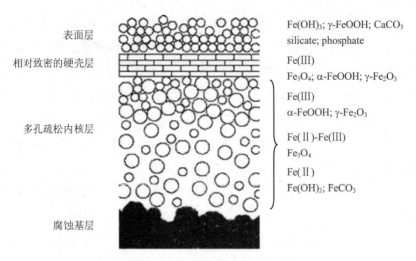

图 1-1　内壁腐蚀瘤的基本结构模型[23]

3）相对致密的硬壳层（shell-like layer）。在大部分铁管腐蚀瘤中，相对致密的硬壳层覆盖在多孔疏松内核层上。Herro 和 Port 认为腐蚀瘤结构的物理强度取决于硬壳层的厚度。Clement 等发现硬壳层的厚度通常在零点几毫米至略大于 1 mm。致密的、厚的硬壳层能够强化腐蚀瘤的结构，但是往往会抑制腐蚀瘤的成长；薄的硬壳会相对提高腐蚀瘤的生长速度。一个腐蚀瘤内可能不只有一层硬壳，Herro 和 Port 认为可能的原因是：①温度的波动导致腐蚀瘤的热胀冷缩，从而引起硬壳层的断裂，最终发展成为多个硬壳层的结构；②腐蚀瘤内核层的持续生长使得硬壳层断裂。

4）表面层（surface layer）。在硬壳层之上是处于腐蚀瘤最顶端的表面层。由于表面层和流动的水流接触，管网水质对表面层的化学成分影响很大。表面层常包含管道的后沉淀、$Fe(OH)_3$，$CaCO_3$、硅酸盐、磷酸盐的沉淀（使用缓蚀剂时）等。由于表面层比较疏松，当管道中水的流速和流向突然发生变化时，容易引起管道水的浊度和色度剧烈升高。

该模型已经得到材料腐蚀研究学界的广泛认可，并基于此模型开展了大量深入的相关腐蚀课题研究。

（3）铜管腐蚀机理及其影响因素

铜的腐蚀既有可能在铜管表面均匀发生，也有可能在局部发生点蚀。点蚀对铜管的危害极大，点蚀现象一旦在某一部位发生，该部位的腐蚀会以极快的速度进行，并最终将管壁蚀穿，使管道破损。水的缓冲能力越低，硬度越小，发生点蚀的可能性就越大[24]。Edwards 对铜的点蚀发生机理进行了研究和评述，他认为，水中的 SO_4^{2-} 和 NO_3^- 是促进点蚀发生的因素，而 Cl^- 则有可能抑制点蚀的发生；水中的有机物通常有助于在管壁表面形成均匀的腐蚀产物层避免点蚀的发生，但在某些情况下，有机物也会加速铜的腐蚀[25]。均匀腐蚀虽然不像点蚀可以导致铜管的短期破损，但腐蚀严重时会造成水中较高的铜浓度。均匀腐蚀通常在高碱度和低 pH 的水质条件下发生。

由于铜管大多用作室内给水管道而非用于供水主干管，因而水在管内经常处于停滞状态，并且铜的浓度随停滞时间会逐渐增加。特别是在夜间水的滞留时间较长，在清晨用水时铜会对人体造成较高浓度的暴露。因此对铜浓度检测的采样一般也以夜间停留时间（6～8 h）为基准。在特定的水质条件下，要准确预测水中铜的总溶解度，需要判断体系是否达到平衡状态，并需要建立铜的各种氧化态及其与水中成分可能形成的平衡关系及其平衡常数。在平衡条件下，溶解态铜的浓度是受管壁表面铜的固相腐蚀产物的组成所控制的。

在通常饮用水体系中，金属铜可以被溶解氧（或余氯）氧化成一价铜 Cu（I）或二价铜 Cu（II）两种氧化态。实验表明，Cu^+ 与基体金属铜处于可逆平衡状态，而由 Cu^+ 向 Cu^{2+} 的转化是速率限制因素。Cu（I）和 Cu（II）的相对稳定性取决于水中存在的阴离子等配体以及体系的氧化还原电位的情况。在有氧化剂存在时 Cu^+ 不稳定。Cu^+ 还可由歧化反应而生成 Cu^{2+}：

$$2Cu^+ \longleftrightarrow Cu(s) + Cu^{2+} \tag{1-14}$$

因此，如果水中有 Cu（I）形态存在，很可能是由于形成了较为稳定的络合物的缘故[26]。在饮用水中，有实验可以证实的能够与 Cu^+ 形成较为稳定的络合物的配体有 NH_3 和 Cl^-。Cu^+ 可以与 NH_3 直接形成络合物，或者由 Cu^{2+} 与 NH_3 的络合物经还原反应生成[27]：

$$[Cu(NH_3)_4^{2+}] + Cu(s) \longleftrightarrow 2[Cu(NH_3)^{2+}] \tag{1-15}$$

Cu^+ 与 Cl^- 形成的络合物比与 NH_3 形成的络合物要弱，但由于水中 Cl^- 的浓度通常远大于 NH_3 的浓度，因而 Cu^+ 与 Cl^- 的络合物对 Cu^+ 的溶解度起着重要作用。Millero 等的研究还发现，Cu^+ 与 Cl^- 的络合物对延缓 Cu^+ 的氧化起着重要的作用[28]。显然，当体系的氧化势较低时，水中 Cl^- 和 NH_3 的存在会显著地增加铜的溶解度。对于 Cu^{2+} 的水解和络合形成常数的数据，特别是对 $Cu(OH)_2$，目前的文献报道还存在较大的不一致，对 $Cu(OH)_3^-$ 和 $Cu(OH)_4^{2-}$ 的稳定常数的研究更少有报道。当前研究较多的是 Cu^{2+} 与 CO_3^{2-} 形成的络合物，水中 CO_3^{2-} 的水平越高，铜的溶解度就越大[29, 30]。CO_3^{2-} 可以与 Cu^{2+} 形成多种络合形态，如 $CuHCO_3^+$，$CuCO_3$，$Cu(CO_3)_2^{2-}$，$CuCO_3OH^-$，$Cu(CO_3)_2(OH)_2^{2-}$。在 HCO_3^- 的浓度和 pH 都较高的情况下，溶解态的 $CuCO_3$ 能进一步形成不溶性的 $Cu_2(OH)_2CO_3$（Malachite），从而使铜在水中的溶解度降低。

$$2CuCO_3 + 2OH^- \longleftrightarrow Cu_2(OH)_2CO_3 + CO_3^{2-} \qquad (1\text{-}16)$$

铜管表面的固相腐蚀产物层的组成和结构比较复杂，并且因水质不同而有较大的差异。有研究指出，Cu_2O（Cuprite）可以在腐蚀产物层的最下面靠近金属基体的部位存在[31]。至于 Cu（II）的固相产物已经证实存在的包括 CuO（Tenorite），$Cu(OH)_2$（Cupric Hydroxide），$Cu_2(OH)_2CO_3$（Malachite）和 $Cu_4(OH)_6SO_4$（Bronchanite）。由于这些物相的溶解度常数的不确定性和 $Cu(OH)_2$ 的热力学不稳定性，以及 $Cu_2(OH)_2CO_3$ 的形成过程又非常缓慢，要定量预测水中铜的溶解水平是非常困难的。另外，这些固相产物的晶体颗粒尺度的大小对其溶解度的影响也是极大的，有时可以达到超过两个数量级的差别。另外，对热力学平衡体系的测定并不能预测固相产物的转化和晶体成长的速率。例如，由于 $Cu(OH)_2$ 在动力学上优先于 CuO 形成，因而在新的铜管体系中，以 $Cu(OH)_2$ 来预测铜的溶解度比用 CuO 预测更接近实际[32]。

水在铜管中停留时，水中铜的浓度随时间的变化以及达到平衡时的浓度与水的化学组成、Cu（I）、Cu（II）溶解形态的稳定性和体系的氧化还原反应动力学等因素有关。通常在检测铜的溶解性时，取样时间以 6 h 左右的停留时间为基准，但在这个时间范围内，铜的浓度未必能够达到稳定的平衡浓度。在溶解氧和余氯较低的体系中，Cu（I）的可溶形态及其不溶性的固相产物的化学反应活性可能会起着极为重要的作用，并使体系铜的浓度变化过程更加复杂。Merkel 等研究了水的长时间停滞对铜的腐蚀速率和腐蚀产物释放的影响，发现所测得的水中铜的浓度取决于多个过程的动力学行为，如金属的氧化，溶解态铜的释放和在固相腐蚀产物层中的沉积。在最初的 10 h 的停留时间内，铜的浓度可以达到一个最大值，然后浓度开始下降。他们还发现 CuO 和 $Cu_2(OH)_2CO_3$ 是管壁腐蚀层中的主要固相组成，并且 $Cu_2(OH)_2CO_3$ 可以形成良好的晶体结构，但并不能保护基体金属免受溶解氧的腐蚀进攻[33]。另有研究者认为，铜的浓度随时间的变化可以分成两个阶段。起先，铜的浓度是受动力学控制，而后铜的浓度是由 $Cu(OH)_2$ 的亚稳态平衡来决定。在无氧条件下经更长时间的停留，铜的浓度会由于更稳定的固相腐蚀产物的形成而降低[34]。

影响铜腐蚀的水质因素主要有以下几个方面：

1）pH 和碱度。pH 和碱度是影响铜在水中溶解度的两个最重要的水质参数。即使在饮用水通常较窄的 pH 范围（7~9）内，pH 的变化也会对铜的溶解度有显著地影响，pH 降低时，铜的溶解度迅速升高。由于 Cu^{2+} 的水解及其与 HCO_3^-、CO_3^{2-} 的结合能够形成许多稳定的溶解态络合物，从而对铜在水中的溶解度有极大的贡献。例如，在计算铜的总溶解度时，如果不包括 $Cu(OH)_2$ 在内，会产生至少 100 倍的负误差。而在 pH＞7 时，铜的碳酸盐络合物甚至会超过水解络合物对铜的溶解度的贡献。Edwards 等研究了

pH 和碱度对铜的腐蚀产物释放的影响，发现铜的释放与碱度呈正线性关系，并且随 pH 的升高，碱度的影响效应就越显著[35]。

2）SO_4^{2-}的影响。SO_4^{2-}与 Cu^{2+}的结合非常弱，因而它们之间的络合作用对铜的总溶解度的贡献并不显著。SO_4^{2-}与 Cu^{2+}可以形成多种不同的碱式硫酸盐固相产物，但对它们的结构和热力学常数的研究还存在很大的不一致。另外，高的 SO_4^{2-}浓度可能会干扰铜管表面致密腐蚀层的形成。例如，在预先沉积有 $Cu(OH)_2$ 的铜管内，当水中 SO_4^{2-}浓度增加后，管壁上的沉积物层会转变为 $Cu_4(SO_4)(OH)_6$，从而阻碍了 CuO 和 $Cu_2(OH)_2CO_3$ 的形成过程。实验研究发现，在有氧条件下，SO_4^{2-}能够加快铜的腐蚀速度[36, 37]。

3）Cl^-的影响。Cl^-在水中可以与 Cu^{2+}形成至少三种弱的络合物：$CuCl^+$、$CuCl_2$ 和 $CuCl_3^-$，但其对铜的溶解度的贡献并没有一致的结论。有研究报道指出，高浓度的 Cl^- 能够降低铜的腐蚀速率，但不改变体系到达平衡时的状态。Broo 等的实验表明，将铜暴露于水中 24 h 后，当有 1 mmol/L Cl^-存在时，铜的溶解浓度为 0.4 mg/L，而无 Cl^-存在时，铜的浓度可达 2~3 mg/L；有 Cl^-存在时，铜的浓度在 24 h 内可达到最大值，而在有 1 mmol/L Cl^-存在时，铜的浓度需要几天的时间才能达到最大值[38]。但 Hong 等也报道了相反的研究结果，认为 Cl^-的存在会增加溶解态铜往水中的释放[39]。

4）硅酸盐的影响。硅酸盐能强烈地吸附在 $Cu(OH)_2$ 固体的表面，并可以将 $Cu(OH)_2$ 表面的正电荷中和，甚至通过表面络合物的形成使其转变为带负电荷。因而，在硅酸盐存在的情况下，铜的腐蚀产物易于形成较大的颗粒。同时，这些含硅的颗粒会变得更加疏松，使其在水中的悬浮时间更长。$Cu(OH)_2$ 固相往 Cu_2O 的转化过程也会由于硅的存在而变得缓慢[40]。

5）天然有机物（NOM）的影响。根据 Campbell 的研究报道，天然有机物的存在可以抑制铜表面点蚀现象的发生[41]。然而，天然有机物由于其较强的与金属离子的络合特性，可与溶解的铜离子形成稳定的络合物从而增加铜的溶解度，另一方面有机物与铜的络合还能改变铜表面形成的腐蚀产物层的组成和结构。研究指出，水中溶解有机碳（DOC）的浓度为 0.1~0.2 mg/L 时，铜的溶解度的增大可以由有机物的络合能力来解释[34]。此外，天然有机物对铜溶解度的影响在低 pH 时比在高 pH 时更显著，这是由于腐殖质类物质官能团的反应活性随 pH 而变化的缘故。

6）余氯。对于水中的自由氯对铜的腐蚀效应，一方面，有研究认为自由氯参与铜的氧化会改变铜管表面腐蚀产物层的组成和结构，降低腐蚀产物层的保护功能[32]，然而更多的实验结果表明，自由氯只是加快了腐蚀反应的速率，而不改变化学平衡状态。

7）温度。同温度对铁的腐蚀影响的情形类似，温度对铜的腐蚀也包括多个方面，如对氧化还原反应动力学和腐蚀反应产物热力学特性的影响等。温度对铜腐蚀所表现出的影响效应由体系的具体情形而定。在碱度较高和 pH 较低的体系中，温度升高一般会加速铜的腐蚀，并且在较高的温度下，水相中颗粒态铜的含量也相应增加[42]。

虽然铅管作为饮用水的给水管材早已经不再使用，但在流经铜管的水中经常可以检测到铅的存在，这通常是因为在铜管的安装过程中使用了铅-锡合金作为焊接材料的原因。铅在铅-锡合金焊接材料中的含量一般为40%～50%。铅在和饮用水接触时发生的腐蚀和溶解，会使水产生极强的毒性。即使铅的浓度在非常低的水平时，也会对人的大脑、肾、神经系统和血红细胞造成损伤和危害。因此对饮用水中铅的浓度各个国家都有非常严格的限制。美国环保局在1991年制定的铜/铅法规中，规定铅在饮用水中的最高允许浓度为0.015 mg/L。美国密苏里大学罗拉分校的研究表明氯胺作为二次消毒剂的情况下，能够促进输水管道中铅向水体释放，危害人体健康[43]。

1.2.4 管网生物稳定性及评价方法

1.2.4.1 管网微生物再生长对水质的污染

尽管出厂水通过加氯消毒，大量微生物已经被杀死，甚至维持管网水含有一定余氯量以继续保持消毒作用，用水终端还是会出现细菌学指标合格率明显下降的问题。Bonde 等研究结果表明，饮用水可能隐含了大量细菌，包含的种类主要有不动杆菌属，气单胞菌属，节杆菌属，芽孢杆菌属，柄杆菌属，黄杆菌属，假单胞菌属，螺旋菌属等[44-50]。Kooij 等从各种不同类型的饮用水中分离出来的典型细菌中，如荧光假单胞菌属至少有31种生物型，恶臭假单胞菌属至少有14种生物型，这进一步证明了饮用水中异养菌的复杂性和多样性。采用标准平板菌落计数发现，这些荧光假单胞菌仅占异养菌总数的1%～10%[51-53]。在美国，管网水中出现大肠杆菌生长的问题引起了更多学者们的关注[54-57]。同时，Burman 等学者从管网水中分离出了放射菌、酵母菌和霉菌[58, 59]。

管道表面的生物膜是由附着到管壁上的微生物经过大量生长繁殖和长期积累形成的。生物膜中的微生物可以利用水相中扩散到管壁表面的各种有机物和其他营养物质而得以生存。生物膜中的微生物包括细菌、病毒、真菌、原生动物和其他无脊椎动物等，其中细菌是生物膜中的最大种群。Nagy 等的研究发现，余氯量即使在 1～2 mg/L 时，也不能抑制管壁表面生物膜的生长，细菌密度仍可达 104 cfu/cm^2。当水中有杆菌出现时，小于 6 mg/L 的余氯水平不足以将杆菌有效控制[60]。一般地说，生物膜内的微生物只有极少数能对人体健康造成威胁，但对一些免疫能力较低的人群来说，水中微生物的致病几率会比普通人群高出很多。生物膜对管网水质的影响是多方面的：生物膜中的微生物能够进入水相中，成为水相微生物的源，特别是到当水力条件发生变化时，生物膜可能会从管壁上成片剥离而进入到水相中，引起管网水中的浊度、色度上升，使水产生臭和味，造成微生物浓度超标并且增加饮水致病的机会。研究指出，管网中监测到的杆菌，其主要来源就是管壁表面存在的生物膜。我国学者岳舜琳报道某城市发现部分管道内管垢厚度达 16～20 mm，赤色，有土腥味，并检出铁细菌、埃希氏大肠杆菌等六种微生物[61]。贺北平博士对南方某市自来水管网的 300 mm 管道内壁进行取样观察，发现管道内壁有黄色锈瘤，利用扫描电镜检测发现，锈瘤含有杆菌、球菌、丝状菌等微生物，经菌种鉴定后发现了两种优势异养菌：黏质沙雷氏菌和乙酸钙不动杆菌产碱亚种，其中黏质沙雷氏菌为条件致病菌[62]。袁一星对某市供水管道内壁上的锈垢进行检验，共检出13 种细菌，除了丝状铁细菌外还有肠道细菌、栖居菌等。借助电子显微镜观察，一些形态特征不寻常的细菌可以被检测出来，如柄杆菌属，生丝微菌属，嘉利翁氏菌等[63-66]。这些细菌有许多种类都不能通过普通平板计数法检测出来。显微镜观测结果和培养方法显示，这些细菌可能附着在管材表面或颗粒物上生长。已有文献报道，采用菌落计数发现，生物膜每平方厘米上含有几百至 100 万个之多的细菌[59, 67]。多数情况下，生物膜可以生长繁殖细菌并释放到管网水中，增加了水中游离细菌的数量[65, 68-70]。

1.2.4.2　管网水质的生物稳定性评价

水的生物稳定性通常是指水中存在的营养物质对促进微生物生长繁殖的能力的大小，一般用限制微生物生长的营养物质的浓度来表征[71]。对于管网水质而言，水中高浓度的营养物质是导致细菌在管网中大量再生长以及杆菌出现的重要因素。水中存在的能够为微生物所利用的各种营养物质都有可能对水的生物稳定性造成影响。对大多数水质而言，水中的有机碳往往是微生物生长的限制因素。供水水源中的有机碳主要是在天然条件下植物的生长和分解形成的，包括腐殖酸、富里酸、聚糖、蛋白质等。

在供水管网系统中，细菌的再生长与水中生物可降解有机物含量之间的关系，已经被许多研究者所证实[50, 67, 72]。在水处理过程中尽可能地降低有机物的含量是有效控制细菌生长使水质获得生物稳定性的最重要途径，同时有机物的去除也可以降低消毒剂的消耗，减少消毒副产物的生成。水中的天然有机物（natural organic matter，NOM）可以分成两部分：可生物降解的有机物（biodegradable organic matter，BOM）和不可生物降解的有机物。可生物降解的有机物可以作为细菌的能量来源和碳源，能促进细菌在输配过程中的生长，并有可能与杆菌的出现有关[73]。国际上普遍以可同化有机碳（assimilable organic carbon，AOC）和生物可降解溶解性有机碳（biodegradable dissolved organic carbon，BDOC）作为饮用水生物稳定性的评价指标。AOC 着重于可被细菌用于自身的生长那部分有机物。AOC 的测定是将特定的测试微生物菌种（如 *Pseudomonas fluorescens* P17 或 *Spirillum* NOX）接种到水样中，然后检测细菌菌落的形成情况。测定时，先用某一测试微生物在已知浓度的标准有机物（如乙酸盐、草酸盐）溶液中的生长量（如菌落数）作一校正曲线，然后将同种微生物在水样中的生长量转化成相应的 AOC 值。AOC

代表了水中最易于降解的那部分有机物，且主要是由小分子量的有机物组成，通常其含量只占总有机物的 0.1%～9.0%[73]。Kooij 等的研究发现，离开处理厂的水中 AOC 浓度与管网水中异养菌的几何平均值有显著的相关性。因此，多数研究者将 AOC 作为评价管网水中细菌生长潜力的首要指标。

对生物膜中的所有微生物进行鉴定是非常困难和复杂的，通常应用的表征生物膜密度的方法有：异养菌计数法（heterotrophic plate count，HPC）、直接计数法（total direct count）和胞外蛋白水解活性法（potential exoproteolytic activity，PEPA）、三磷酸腺苷（adenosinetriphosphate，ATP）法等。其中 HPC 法最常用，它测定的是总细菌群中可被培养的那部分细菌。利用 HPC 法判断细菌在管网中的生长比较有效，因为出厂水的 HPC 值一般较低，而随着余氯的消耗，HPC 值将会明显升高[74]。但是，即使出厂水和管网水都能满足 HPC 的法规要求，也并不意味着水质就是安全的，这是由于 HPC 值无法准确表达细菌生长情况的具体特征。

1.2.5 管网水质模型

实现对输配水管网中部分水质指标物质变化的动态模拟，建立各自的管网水质模拟模型，是进行管网水质运行和管理研究这个大课题的基础。在整个复杂而庞大的市政输配水管网中频繁的采样分析，甚或密布远程的在线水质分析设备可以采集到管理者所需要的数据，但显然是不现实的。而如果建立起较为准确的管网水质模拟系统，则可以利用有限的数据，获得满足工程精度的大量管网水质基本信息。

供水管网水质模型是由研究泥浆流的 Wood 于 1980 年提出的[75]，其分析了稳态下，管网中的水质分配问题。1986 年 Clark 等提出了一个能够在时变条件下模拟水质变化的模型，Grayman[75]等在 1988 年提出了一个类似的水质模型。类似于 Wood 的模型，Males[76]等提出了在稳态系统下混合问题的一个算法，Murphy 为管网中的稳定流提出了一个模型，可用来决定氯浓度的空间分布。但是稳态水质模型仅能够提供周期性的评估能力，对管网水质预测缺乏灵活性。

动态模型则是模拟各种水力条件随时间变化的管网中，指标物质在不同的时间和空间分布中的变化情况。Lious 和 Kroon[77]提出了一种可计算配水管网水中物质的衰减和生长的模型，它以时间和位置函数的形式给出了物质的浓度，并把水中物质在管网中的流动分成三个过程：管段中的水平流动、随时间的衰减和增长、管段连接处的混合。Rossman[78]等提出了用离散体积元素法（DVEM）进行管网水质模拟。Chaudhry 和 Islam[79]提出了一个计算机模型，利用一个组合系统方法来计算非稳定流状态下组分在流经管段时的传播和衰减，强调分析管网系统首先要确定初始稳定状态条件，然后对一个控制方程作数值积分来计算缓变流状态下的相关参数。

　　我国对水质模型的研究起步较晚，直到 20 世纪 90 年代末才建立了几种配水系统水质模型。目前国内外研究的配水系统水质模型中可以应用于实际的为数很少。美国环保局（USEPA）总结各水司的成功经验，研制并向全国推广了一套功能齐备，精度十分高的管网水质分析和模拟软件系列 EPANET。在西欧，如法国、英国、荷兰和亚洲的日本等另一些发达国家的重要城市，也建立起了各自的管网水质模型，经过较长时间的使用，积累了丰富的经验，在模型的精度和实用性两方面都达到了很高的水平。

　　目前有关配水管网微生物学水质模型的报道为数不多。Sam 等建立了一个饮用水管网中细菌生长的动力学模型，他们认为温度和 BDOC（生物可降解有机碳）是对管网中微生物生长的限制因素[80]。Frédéric Yves Bois 等的研究表明细菌在管网的不同部位，具有不同的特征，他们建立了细菌生长动力学模型，用于描述氯和有机物对细菌在管网中生长的影响[81]。N. B. Hallam 等建立了一个用于描述余氯和温度降低对生物膜生长限制作用的经验方程。S. Jeyamkondan 等应用人工神经网络的方法建立了微生物生长模型，但该模型主要用于食品中微生物的预测或风险评价[82]。

1.3　氯胺消毒及其稳定性研究的进展

　　从某种程度上来说，消毒剂是饮用水体系中反应活性最强、对输配过程及用户端水质影响最大的组分。消毒剂一方面能有效灭活控制管网系统中微生物生长，从而保障饮用水的微生物安全性。另一方面，消毒剂作为一种氧化剂，能与水中还原性有机物反应，从而生成三卤甲烷、卤乙酸等消毒副产物，影响饮用水的化学安全性，增大其致癌风险。

　　消毒剂在管网系统中主要发生如下几个方面的复杂反应过程：一是与水中微生物或管壁微生物膜反应，灭活微生物；二是与水中还原性无机物（如氨、Mn^{2+}等）反应，并导致其形态转化；三是与水中有机物反应生成消毒副产物，与此同时水中有机物结构、性质（如微生物可同化性等）也发生变化，并可能导致水的生物稳定性发生变化；四是消毒剂有可能扩散、穿透管壁保护层与还原性金属基体反应，促进金属管材腐蚀，导致水中金属浓度升高；五是消毒剂在某些条件下可能发生自分解或催化分解反应。上述种种反应将不可避免地导致消毒剂在管网输配过程中的消耗衰减，并对金属腐蚀溶出释放、消毒副产物生成产生重要影响。

　　可以看出，一方面消毒对饮用水输配过程及用户端水质具有关键作用，另一方面消毒工艺相对于管网优化布局等其他调控手段易于实施和调控。因此，通过优化消毒工艺及其过程，实现输配水过程控制与水质稳定，这对于保障饮用水输配过程安全具有重要意义。

1.3.1 氯胺消毒条件及效果

作为二次消毒剂，由于氯胺能够产生更少的消毒副产物，尤其是当水中有机物浓度较高或难以保证管网中余氯浓度的时候，氯胺在饮用水中的应用越来越广泛，已成为液氯的重要替代性消毒剂。有研究显示，氯胺替代氯消毒后能够减少40%～80%的氯化副产物（三卤甲烷，卤乙酸等）的生成量[83]。Norman[84]等报道美国 Hnran 市以 James 河为水源，氯化消毒的饮水氯仿含量高达 309 μg/L，改用氯胺消毒后，THMs 的含量下降了 75%，使水质符合了卫生标准要求。目前，在美国的市政供水中，超过 25%的水厂采用了氯胺消毒[85]。在我国北京、上海等大城市也逐步开始使用氯胺作为二次消毒剂。

氯胺在控制管网中细菌的再次繁殖和生物膜比氯更为有效[86]，然而氯胺和氯消毒对水中的贾第虫和隐孢子囊的去除效果不够令人满意[87]。Norton 和 LeChevallier 研究了两个配水管网系统由自由氯消毒转变为氯胺消毒时对水质的影响，发现使用氯胺后，水中的杆菌的出现机会、HPC 和 DBP 的浓度都大大降低了[88]。Neden 等也对比研究了自由氯和氯胺消毒对控制管网中细菌生长的影响，发现氯胺处理后的水中异养菌的浓度较低、杆菌阳性几率减小、味和臭较少、消毒剂余量较稳定[89]。Kouame 发现氯胺和氯的联合使用能大大提高大肠杆菌的灭活率；Straub 等研究发现 0.1～0.4 mg/L 的铜离子就能与氯胺具有很好的协同消毒作用[90]。

1.3.2 管网中氯、氯胺分解的影响因素

1.3.2.1 管网中氯、氯胺的稳定性

尽管自由氯作为饮用水消毒剂使用已经有很长的历史，但其在管网中难以维持一定余量的问题，仍是供水行业的一大困扰。对自由氯在水相中和管壁上随时间衰减规律的认识是保证管网中余氯水平、实现水质安全输配的重要方面。在水相中，自由氯一般通过与还原性物质如氨、二价铁、有机物反应而消耗[91-97]。在管壁上，自由氯可以与沉积颗粒物、腐蚀产物以及生物膜反应而被消耗[98-104]。自由氯在管道内的消耗可以用一级反应动力学进行模拟[105]。Hallam 等研究了与不同管道内壁特征有关的自由氯衰减现象，指出管材相对于自由氯的消耗，可分为高反应活性（如无内衬铁管）和低反应活性（如PVC、MDPE、水泥内衬铁管）管材两种。对高反应活性管材，自由氯从水相往管壁的扩散传输是其消耗快慢的限制因素，而对低反应活性管材，自由氯的消耗速度与具体管材特征有关[106]。Lu 等的研究还表明，对新的塑料管材（如 PVC、PE）来说，管壁上氯的消耗相对于水相往往是可以忽略的。但当管壁上存在生物膜时，生物膜对自由氯有不同程度的消耗。在稳定状态下，生物膜的需氯量与水中 BDOC 的浓度呈线性正相关[107]。

使用不同的消毒剂对管网水质产生的影响也有所不同。一般地说，氯胺由于氧化能力低于自由氯，对细菌的灭活速率也相应较低。但也正是由于其较低的反应活性，在管网中氯胺比自由氯易于维持一定水平的余量，因而使其具有长效灭菌能力。与自由氯相比，氯胺与有机物生成消毒副产物的趋势也要低得多。氯胺由自由氯和氨反应生成，根据二者的不同比例可以分别制得一氯胺、二氯胺和三氯胺：

$$NH_4^+ + HOCl \Longrightarrow NH_2Cl + H_2O + H^+ \tag{1-17}$$

$$NH_2Cl + HOCl \Longrightarrow NHCl_2 + H_2O \tag{1-18}$$

$$NH_2Cl + HOCl \Longrightarrow NCl_3 + H_2O \tag{1-19}$$

其中，作为消毒剂最常用和消毒效能最强的是一氯胺，对应自由氯与氨氮的摩尔比为 1∶1，重量比为 5∶1。一氯胺并不是一种稳定的化合物，它既可以进一步反应生成二氯胺，也可以发生水解和自身分解而重新生成自由氨，反应式如下：

$$2NH_2Cl + H^+ \Longrightarrow NH_4^+ + NHCl_2 \tag{1-20}$$

$$NH_2Cl + H_2O \Longrightarrow HOCl + NH_3 \tag{1-21}$$

$$3NH_2Cl \Longrightarrow N_2 + NH_3 + 3HCl \tag{1-22}$$

当体系 pH 降低、温度升高、自由氯和氨的比值增大时，氯胺的自身分解速率将加速。Valentine 等的研究发现，pH 对氯胺的衰减速率影响极大，当 pH 从 7.5 降低到 6.5 时，氯胺的半衰期由 300 h 降低到 40 h。Vikesland 等研究发现，水中的碳酸根、亚硝酸根和溴离子也能够加速氯胺的衰减，并建立了氯胺衰减的模型[105, 108]（表 1-3）。Valentine 发现，在 pH 为 7.5 时，温度从 4℃升高到 35℃时，氯胺的衰减速率增加大了 6.5 倍。消毒过程中降低 Cl_2∶NH_3 的比值，可以延缓氯胺的衰减速率。但在较高 pH 时，该比值对氯胺衰减速率的影响作用较低，在 pH 为 8.3 时，Cl_2∶NH_3 比值的变化对氯胺的衰减速率没有显著影响。

在实际操作中，如果通过分别投加自由氯和氨来得到一氯胺，必须注意二者的投加顺序和投加比例的选择。如果先投加自由氯并使之与水有一定的接触时间，可以提高消毒效果，但同时也增加了消毒副产物的生成量。如果自由氯和氨的投加比例接近或大于 5∶1，体系中就会有部分二氯胺甚至三氯胺生成。但如果自由氯和氨的比例较小，则水中自由氨氮的浓度就相对较高，增加了硝化现象发生的可能性。一般采用的自由氯和氨的比例为 3∶1 至 5∶1。

表 1-3　氯胺反应模型

反应	反应速率	速率常数/平衡常数（25℃）
$HClO + NH_3 \rightarrow NH_2Cl$	$k_1[HClO][NH_3]$	$k_1 = 1.5 \times 10^{10} \ M^{-1} \ h^{-1}$
$NH_2Cl + H_2O \rightarrow HClO + NH_3$	$k_2[NH_2Cl]$	$k_2 = 7.6 \times 10^{-2} \ h^{-1}$
$HClO + NH_2Cl \rightarrow NHCl_2 + H_2O$	$k_3[HClO][NH_2Cl]$	$k_3 = 1.0 \times 10^6 \ M^{-1} \ h^{-1}$
$NHCl_2 + H_2O \rightarrow HClO + NH_2Cl$	$k_4[NHCl_2]$	$k_4 = 2.3 \times 10^{-3} \ h^{-1}$
$NH_2Cl + NH_2Cl \rightarrow NHCl_2 + NH_3$	$k_5[NH_2Cl]^2$	
$NHCl_2 + NH_3 \rightarrow NH_2Cl + NH_2Cl$	$k_6[NHCl_2][NH_3][H^+]$	$k_6 = 2.2 \times 10^8 \ M^{-2} \ h^{-1}$
$NHCl_2 + H_2O \rightarrow Int$	$k_7[NHCl_2][OH^-]$	$k_7 = 4.0 \times 10^5 \ M^{-1} \ h^{-1}$
$Int + NHCl_2 \rightarrow HClO + products$	$k_8[Int][NHCl_2]$	$k_8 = 1.0 \times 10^8 \ M^{-1} \ h^{-1}$
$Int + NH_2Cl \rightarrow products$	$k_9[Int][NH_2Cl]$	$k_9 = 3.0 \times 10^7 \ M^{-1} \ h^{-1}$
$NH_2Cl + NHCl_2 \rightarrow products$	$k_{10}[NH_2Cl][NHCl_2]$	$k_{10} = 55.0 \ M^{-1} \ h^{-1}$
$HClO + NHCl_2 \rightarrow NCl_3 + H_2O$	$k_{11}[HClO][NHCl_2]$	$k_{11} = 2.16 \times 10^{10}[CO_3^{2-}] +$ $3.24 \times 10^8[ClO^-] + 1.18 \times 0^{13}[OH^-]$
$NHCl_2 + NCl_3 + 2H_2O \rightarrow 2HClO +$ products	$k_{12}[NHCl_2][NCl_3]OH^-]$	$k_{12} = 2.0 \times 10^{14} \ M^{-2} \ h^{-1}$
$NH_2Cl + NCl_3 + H_2O \rightarrow HClO + products$	$k_{13}[NH_2Cl][NCl_3]OH^-]$	$k_{13} = 5.0 \times 10^{12} \ M^{-2} \ h^{-1}.$
$NHCl_2 + 2HClO + H_2O \rightarrow NO_3^- + 5H^+ + 4Cl^-$	$k_{14}[NHCl_2][ClO^-]$	$k_{14} = 8.3 \times 10^5 \ M^{-1} \ h^{-1}$

资料来源：Jafvert and Valentine，1992；Vikesland et al.，2001。

　　使用氯胺作为消毒剂时，虽然相对于自由氯有较多的优点，但实际中经常遇到的问题是管网中发生硝化作用的可能性大大增加。在使用氯胺作消毒剂的供水企业中，60%以上遇到过管网硝化现象的问题。硝化现象一旦发生将导致水质多方面的恶化：消毒剂余量的降低、水中 HPC 浓度升高、管壁上生物膜的密度增加、出水中硝酸盐氮和亚硝酸盐氮的含量增加。

　　硝化现象发生的根本原因是由于水中过量氨氮的存在。过量的氨氮可能是由于在氯胺生成过程中自由氯的加入量不足（氯/氨氮<5）引起，或由于活性炭过滤过程中反硝化作用生成，另一个非常重要的原因是氯胺在管网中的自身分解生成和与还原性物质（如有机物）反应形成。

　　硝化作用是由两个步骤组成的生物过程，首先氨氮在氨氧化菌（AOB）的作用下被氧化成亚硝酸盐，亚硝酸盐又在亚硝酸盐氧化菌（NOB）的作用下被氧化成硝酸盐。氨氧化菌可由多种细菌组成，其中最重要的一种是 *Nitrosomonas*，另外还包括 *Nitrosolobus*，*Nitrosococcus*，*Nitrosovibrio*，*Nitrosospira* 等氧化氨氮极为缓慢的细菌[109]。而 *Nitrobacter* 是唯一的一种亚硝酸盐氧化菌。AOB 和 NOB 均为自养型细菌，分别以氧化氨氮和亚硝酸盐氮作为其能量来源，并将无机碳转化为有机碳支持自身的生长并使其成为生物链中的一部分，导致其他异养菌的生长和繁殖。AOB 和 NOB 所引起的硝化反应可分别以下式表示：

$$\frac{1}{6}NH_4^+ + \frac{1}{4}O_2 \longrightarrow \frac{1}{6}NO_2^- + H^+ + \frac{1}{6}H_2O \qquad (1-23)$$

$$\frac{1}{2}NO_2^- + \frac{1}{4}O_2 \longrightarrow \frac{1}{2}NO_3^- \qquad (1-24)$$

AOB 的生长速度通常较慢，并且能够被阳光所抑制，其最佳生存 pH 为略碱性（大于 8.0），温度为 25～30℃。NOB 所适宜的 pH 和温度范围要比 AOB 小，因此它并不一定能与 AOB 在管网中同时存在。如果 AOB 氧化氨氮和 NOB 氧化亚硝酸盐氮能够同时进行，并且前一步骤氧化生成的亚硝酸盐能立即被第二步骤所氧化成硝酸盐，则硝化反应本身不会造成消毒剂的消耗。但如果 AOB 氧化生成的亚硝酸盐不能立即被 NOB 所氧化，则亚硝酸盐就会与水中存在的氯胺或自由氯反应，使消毒剂余量减少，进而造成水的细菌学指标恶化。亚硝酸盐与自由氯的反应早已经被人们认识，1 mg/L 亚硝酸盐可以导致 5 mg/L 自由氯的消耗。最近的研究发现氯胺也能够与亚硝酸盐直接反应导致氯胺地消耗以及氨的释放。反应式分别如下：

$$HOCl + NO_2^- \Longrightarrow NO_3^- + Cl^- + H^+ \qquad (1-25)$$

$$NH_2Cl + NO_2^- + H_2O \Longrightarrow NO_3^- + NH_4^+ + Cl^- \qquad (1-26)$$

判断硝化现象是否发生，可以从监测氯胺余量的减少、HPC 浓度和亚硝酸盐浓度的增加来确定。随着管网距离的增加，氯胺（AOB 的抑制剂）的浓度逐渐降低，氨氮（AOB 的能量源）的浓度逐渐升高，当氯胺对 AOB 的抑制作用小于氨氮对 AOB 生长的促进作用时，硝化现象就有可能发生，并且硝化现象大多发生在距离水处理厂较远的管网位置。供水企业必须密切监测可能发生的硝化现象并及时采取控制措施。硝化作用一旦较大程度的发生后再进行干预，往往很难达到完全抑制硝化作用的效果。因为硝化菌可以大量的存在于生物膜上而受到保护，靠增加消毒剂量很难将其有效杀灭。

预防硝化现象的发生，应采取措施尽量降低氯胺在管网中的衰减速度，减少自由氨氮的释放。研究表明，氯胺的分解是酸催化的反应[110]。在酸的催化下，两个一氯胺生成二氯胺，然后二氯胺迅速的分解。pH 大于 8.0 时其分解速度最慢，并且 pH 大于 8.3 时，Cl_2：NH_3 比值对氯胺的降解影响不大，因此在 pH 为 8.3 时，氯胺余量可以在管网中得到最好的维持。许多研究者已经证实，水中天然有机物（NOM）的存在能加速氯胺的衰减，然而其相互作用机理尚不清楚。NOM 既可能对氯胺的衰减起催化作用（如腐殖质可以起到类似酸对氯胺的催化分解作用），也可能作为还原剂与氯胺反应而消耗氯胺[111]。氯胺对 NOM 的氧化反应可用下式表示：

$$NOM+NH_2Cl \Longrightarrow NH_4^+ +NOM+Cl^- + products \qquad （1-27）$$

从此式可以看出，每消耗 1 mol 氯胺，就会有 1 mol 自由氨释放出来。因此，NOM 对氯胺的还原增加了氯胺消耗和自由氨的释放。Bone 等的实验证实 NOM 的被氧化是管网中初期阶段造成氯胺消耗的主要因素，而氯胺的自身分解是管网后期氯胺消耗的主要途径[112]。水处理过程中对 NOM 的有效去除是输配过程中降低氯胺自身降解速度的重要方法。Harrington 等的研究结果表明，经强化混凝处理后的水与经传统混凝过程处理后的水相比，前者能够明显延缓硝化现象发生的时间和降低管网中硝化现象发生的机会[113]。Wilczak 等的研究也表明，GAC 吸附和纳滤对水中有机物的去除比传统混凝沉淀法能够提高氯胺在管网中的稳定性[114]。另外，pH 的升高能够减小氯胺的降解速度，这对防止硝化现象的发生有利。但另一方面，pH 的升高也可能降低氯胺对 AOB 的灭活效果。调查研究表明，硝化现象可以发生的 pH 范围较宽（6.5～10.0）。

1.3.2.2 金属离子及氧化物对氯胺分解的作用

Vikesland 等发现，管网中释放出的亚铁离子对于氯胺的消耗主要是氧化还原的贡献[107, 92]。通过实验发现了氨基自由基（·NH$_2$）的存在，证实了氯胺氧化二价铁离子的途径是分两步单电子转移过程进行的，反应途径如下：

$$Fe(II)+NH_2Cl \longrightarrow Fe(III) +\cdot NH_2 + Cl^- \qquad （1-28）$$

$$Fe(II) +\cdot NH_2 + H^+ \longrightarrow Fe(III)+NH_3 \qquad （1-29）$$

同时铁质管材中的铁氧化沉积物对氯胺氧化亚铁离子有一点的催化降解作用[115]。当溶液 pH = 6.9 时，几种铁沉积物的催化活性依次是：磁铁矿（magnetite）＞针铁矿（goethite）＞赤铁矿（hematite）≈纤铁矿（lepidocrocite）＞水铁矿（ferrihydrite）。催化活性的差异与亚铁离子吸附在沉积物表面位置有关。用针铁矿实验体系进一步研究了碳酸盐对催化活性的影响，结果显示针铁矿的催化活性随着碳酸浓度的升高（0～11.7 mmol/L）而降低，推测是由于碳酸盐影响了铁离子吸附到针铁矿表面的结果。

前已述及，由于铜管与其他管材相比具有独特的优越性，其在户线管网输配中应用广泛。铜管在英美等发达国家的给水系统中一般占 80%以上，中国香港地区也达到了75%以上[116]。铜管的主要优点表现在：①经久耐用：它的化学性能稳定，集耐寒、耐热、耐压、耐腐和耐火等特性于一身；②安全可靠、抗疲劳；③卫生健康。研究表明，供水中的大肠杆菌在管道内不能继续繁殖。99%以上的水中细菌进入铜管道 5 h 后被彻底杀灭，另外铜 90%以上可再生利用。

实际上铜管中氯胺也能与铜发生氧化还原反应致使氯胺消耗，同时也导致了管网水中铜离子浓度的升高，有研究显示美国很多地区的管网饮用水中铜离子的浓度已经超过了 1 mg/L[42, 117]。单质铜与氯胺反应途径如下[118]（25°C）：

$$NH_2Cl+Cu(s)+OH^- \rightleftharpoons CuO(s)+Cl^- + NH_3，logK = 34.7 \qquad （1-30）$$

$$NH_2Cl+Cu(s)+H_2O+OH^- \rightleftharpoons Cu(OH)_2(s)+Cl^- + NH_3，logK = 33.4 \qquad （1-31）$$

$$NH_2Cl+Cu(s)+HCO_3^- \rightleftharpoons CuCO_3(s)+Cl^- + NH_3，logK = 27.3 \qquad （1-32）$$

通过反应常数可以看出氯胺对单质铜有非常强的氧化能力。由于氨、氯离子及有机物等对铜有很强的络合作用，使得上述反应形成的铜氧化物很难沉积到管壁上，进一步加剧了水体中铜离子浓度的升高。因此尽管氯胺的氧化性比氯弱，但氯胺更能促进铜管的腐蚀。从 2003 年 12 月起，美国华盛顿地区发现自来水中铅含量超过美国水质标准，特别是由华盛顿供水的阿林顿地区铅含量远远超过自来水水质标准，引起当地居民的极大恐慌。最后发现是自来水采用氯胺替代氯气作为消毒剂后造成的。主要是因为铜管镀层、龙头及焊接处含有铅，而氯胺对于铅及其氧化物的溶解性要远大于氯，致使管网水中铅等重金属的浓度迅速增加[43]。同时已有很多研究探讨了铜离子对氧化剂双氧水的催化降解机理[115, 119-121]，Church 的研究发现铜离子能够催化降解次氯酸钠[122]，Vikesland 发现铁及其氧化物对氯胺的分解也具有催化作用[115]，所以工业生产中，譬如水厂加氯罐为了减少氯剂的损失应当尽量保证没有铜、铁等金属离子的存在。

1.3.3 管网消毒副产物的研究

1.3.3.1 消毒副产物的变化规律及生成机制

饮用水中的天然有机物（NOM），主要指动物、植物、微生物的排泄或分泌物以及它们的尸体腐烂降解过程中所产生的物质以及来源于这三者的物质[123]。天然有机物中腐殖质的含量达到 40%~80%。饮用水消毒过程形成消毒副产物（THM 三氯甲烷和 HAAs 氯乙酸等）主要是由于消毒剂与天然有机物的作用。客观地说，迄今为止对消毒副产物的生产历程与机制仍然知之甚少。许多 DBPs 的前驱物结构与性质未能准确的定性、消毒剂种类的多样性、反应体系及其影响因素的复杂性以及 DBPs 分析手段的局限性，这些都是导致对 DBPs 生成机制认识不够深入的主要原因。一般认为腐殖质为消毒副产物 THMs 的主要来源，针对有机 DBPs 前驱物结构性质的研究表明，腐殖酸等有机分子中含有大量的羟基苯、多羟基苯甲酸、苯多酸等结构，这些结构单元中间苯二酚、间苯二甲酸、2,6-二羟基苯甲酸、间苯二甲酸等是其主要单体形式[124-129]。DBPs 的生成包括经过卤仿反应、氧化反应等形成了卤代副产物、氧化副产物等。

由于腐殖质的结构很复杂，很多研究者就选择简单的模型化合物来研究氯化反应。文献里曾报道了对很多模型化合物的研究，如脂肪羧酸[130, 131]，羟基苯酸[132]、苯酚[133]

和吡咯氮的衍生物[134]都是生成三氯甲烷的活性基团。功能团的位置和个数都会影响活性氯的分解和消毒副产物的生成。Dotson 认为最初对氯的需求是由于芳香物质和腐殖质和氯的强烈反应造成的[135]。研究也发现脂肪羧酸、羟基苯酸、苯酚和吡咯及衍生物是 THMs 的有机前驱物的活性组分[136, 137]。Chang[138]等研究了四种模型化合物：间苯二酚、间苯三酚、p-羟基苯酸和 m-羟基苯酸对活性氯消耗和消毒副产物生成的影响，结果发现含有羟基和羧基功能团的化合物氯化后，活性氯的分解都很快。p-羟基苯酸氯化反应中活性氯分解的速度要快于 m-羟基苯酸，这是因为苯环 p-位置上的 OH 和 COOH 羧基基团的活性比 m 位置上的要更活跃，更容易使氯和羟基苯酸反应。存在三个—OH，间苯三酚结构高度对称，会形成一种很稳定的中间产物。这三个—OH 会阻碍苯环上 C—C 键的系列水解和脱羧反应，因此间苯三酚氯的分解反应常数就比间苯二酚要低。对于中等惰性的羟基苯酸来说（—COOH），在羧基质子化过程中，苯环上的电子云密度会降低。羟基苯酸的氯化过程比间苯二酚和间苯三酚要慢很多，因为羟基苯酸会快速地反应生成脱羧产物[132]。间苯三酚、p-羟基苯酸和 m-羟基苯酸氯化后生成氯乙酸的速度要快于间苯二酚。Boyce 和 Horing 证实了 1,3-二羟基苯的前驱物向 THMs 的转化会经历两步。首先是卤原子通过亲电取代和加成广泛的和有机物结合，接着是一系列水解和脱羧步骤，使得芳香环的 C_2 位置上的 C—C 键断裂生成 THMs[127]。

水体中多种因素的影响致使管网中消毒副产物的变化规律比较复杂。总体上来说，由于管网中消毒剂一直与水体中有机物发生反应，所以水在管网中停留的时间越长消毒副产物的量应该越多。金属管材中卤代消毒副产物的速率要明显异于玻璃管材，这主要有如下几方面原因：①金属管材中的氧化沉积物、生物膜等均能够消耗氯从而降低了氯与管材中的有机物反应程度[139, 140]；②金属沉积物里面也包裹了大量的有机物，而这些有机物很多是 DBPs 的前驱体，氯与其反应也能产生一定量的消毒副产物[141-143]。③有些消毒副产物，譬如二氯乙酸，能够被生物降解，它们的浓度会随着与生物膜发生反应而降低[144]。④这些反应物的传输速率以及管壁的反应属性会受到水力条件很大的影响，水力条件也是影响消毒副产物物生成规律的重要因素[116]。这些因素共同作用造成了消毒副产物的生成量的变化规律难以预测。Garcia-Villanova 等系统研究了西班牙西部城市萨拉曼卡的管网消毒副产物 THMs 的生成规律，发现预氯化过程、TOC 浓度与管网 THMs 生成相关性较差，管网中 THMs 浓度随着管线距离的增加而增大，pH 最高点出现了 THMs 浓度的最大值[145]。国内，有研究者系统调查了北方某城市的市政供水管网消毒副产物 THMs 的形态及其变化规律[146]，结果表明，饮用水进入管网的前一阶段消毒副产物 THMs 升高比较明显，并且氯的衰减速率也较快；随着停留时间的延长，活性氯浓度降低使得 THMs 的生产速率减慢。消毒副产物的浓度总体上是一直在增加的。另外 THMs 的主要形态为 $CHCl_3$，溴代物含量很低。

1.3.3.2 金属离子及氧化物对消毒副产物的影响

铁质管材中的沉积物主要由二价和三价铁的氧化物组成，其中还包裹有沉积的生物膜、有机物及痕量金属离子等。铁氧化物的主要成分是针铁矿、磁铁矿、菱铁矿、绿锈等。这些沉积物不仅与消毒剂发生反应，同时也能对消毒副产物的生成过程具有一定影响[147-151]，Chun 等发现还原性铁及氧化物能够促进 THMs 和 HAAs 的降解从而降低管网中卤代消毒副产物的浓度。我们的前期研究[152, 153]也发现铜管中的氧化性沉积物 $Cu(OH)_2$、CuO、Cu_2O、$Cu_2(OH)_2CO_3$ 及 Cu^{2+} 等对氯化消毒副产物的生成具有催化促进作用，其中铜离子的催化作用最为明显。对于挥发性 THMs 来说，随着铜离子浓度的增加（0～2.5 mg/L）其促进作用增强；对于非挥发性的卤乙酸 TCAA 和 DCAA 而言，随着铜离子浓度的增加，TCAA 逐渐降低，DCAA 逐渐增加。铜氧化物对卤乙酸的生成及分配的影响是由铜离子造成的。pH 对催化作用的影响存在于两方面原因：①对于卤代消毒副产物生成过程产生影响；②影响水中可溶性铜离子浓度进而影响消毒副产物的生成。

大量针对铜离子催化作用的研究显示，其催化机理的主要原因在于铜离子有很强的络合能力，能够与天然有机物络合产生络合催化效益；此外，铜离子在溶液中可作为路易斯酸催化剂从而催化一部分反应。另一方面，由于天然有机物中的腐殖酸、富里酸中有大量的羰基、羧基、氨基等活性基团，能够很容易地接受铜离子与其发生络合，20～60 个碳原子的络合体中心包裹了一个铜离子[154, 155]。

第 2 章
实验材料、方法及评价系统

　　管网输配过程会造成水质的二次污染，致使供水管网末端水质下降。水在管网主干道输配时，水质的变化相对较小，水质的恶化多发生在支线和户线等管径较小的部分。本书选择了五种常用户线管材——铜管、不锈钢管、PPR 管、PE 管和镀锌管以及三种干线管材——无涂衬镀锌管、涂衬镀锌管和球墨铸铁管分别进行模拟实验，全面考察了不同条件水质情况下管材对水质的影响。

2.1　北京市输水干管使用调研

　　北京市主干道输配水管材主要使用铸铁管、钢管，钢管相对腐蚀严重，铸铁管分为加内衬和不加内衬两种，内衬材料主要是水泥，水泥内衬会随着使用时间的增加而变得更光滑，水泥内衬管材的管径一般在 75 mm 以上，目前北京市大约有 1/3 管材无内衬，另外镀锌管分为加内衬和不加内衬两种，内衬材料为高压喷涂的环氧树脂，一般管径为 50 mm、40 mm、25 mm，镀锌管在 1990 年以后开始使用喷涂内衬技术，300 mm 以上管道生产均有水泥内衬，旧管道的改造方法为先高压冲洗去除管壁沉积物（主要是 $CaCO_3$ 等混合物），然后漩涡式喷涂环氧树脂材料。新产镀锌管也分为加内衬和不加内衬两种，北京市目前主干道管材使用情况如表 2-1 所示。需要指出的是由于户线管材种类繁多且管材使用不受供水单位控制，为此难以对其使用情况进行统计分类，但其使用种类基本与文献调研情况一致。

　　管道腐蚀主要与管道材料、管龄及水质等因素相关，一般以地表水为水源的自来水腐蚀性较强，例如田村水厂 1984 年投产，10 年后距离其水厂不远的管道腐蚀已经相当严重。再如水源九厂管网输送系统复杂，且输送距离长短不一，最远输送能从清河延续到南城。为此北京市的实际管网腐蚀程度迥异，要搞清实际管网腐蚀具体情况及其所导致的水质二次污染问题就必须在保证对实际管网水质调研的基础上对其进行深入完整的实验室模拟研究，进而系统评价北京市管网输配水二次污染机制。

表 2-1　北京市输水干管材质

管材种类	数量	总长度/km
铸铁	75 609	1 379 038.780 0
球墨铸铁	15 599	384 092.670 0
钢	14 771	360 005.860 0
钢管	6 500	140 671.730 0
球墨铸铁及钢	129	2 380.860 0
球墨铸铁及铸铁	82	2 293.540 0
钢及铸铁	14	382.660 0

2.2　实验装置

2.2.1　户线管网实验模型

管网模拟系统由各 40 m 长不锈钢、铜、PPR、PE 及镀锌管五种管材分别与计量泵和 2.5 L 的广口瓶密闭连接组成，各管材管径均为 20 mm。接口及连接管均采用聚四氟和玻璃材料，从而减少干扰因素，真实反映不同管材对水质影响。水在密闭系统中通过计量泵使其在蛇型折返的弯管中连续循环流动，反应模型系统如图 2-1 所示。定时从取样口进行采样进行分析。

图 2-1　户线输配模型试验系统

为了屏除试验误差对实验过程的影响，循环泵采用具有聚四氟法兰盘的计量泵，而管路系统连接采用玻璃管、医用硅胶管、聚四氟生胶带等材料进行连接。采用 TOC、金属等指标对实验系统的可靠性进行评价，结果表明，利用这些方法进行连接，连接管件本身的污染物溶出量较少，采用本实验系统进行试验能避免连接管件对实验结果带来的影响。

2.2.2 干管输配模拟系统

结合北京市管网调研实际情况及对比参照国内外各种评价管网水质转化的实验模型，设计搭建如下干管实验模型。新干管模型参数为：三套管路，镀锌管（涂衬），镀锌管（无衬）和球墨铸铁管，各管路长 100 m，球墨铸铁管内径 80 mm，两套镀锌管的管径均为 50 mm，将计量泵调制合适参数，使水在管路中停留总时间均为 24 h（图 2-2）。

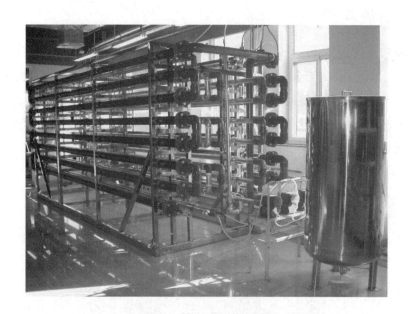

图 2-2　干管输配模拟系统

2.3　实验水样

管网模拟试验原水分别取自上海市杨树浦水厂出厂水和北京市第九水厂出厂水。试验前根据需要对水的 pH、氯投量等参数进行相应调整。调整试验原水时充分搅拌混匀以保证试验原水在不同管路系统中具有一致性。

由于这两种原水均采用氯胺二次消毒，所以本研究是基于氯胺消毒下的管网水质变化的研究。

2.4　分析仪器与方法

为了对输配水过程水质变化规律进行全面的评价，本研究对浊度、pH、电导率、剩余消毒剂、TOC、碱度、金属（Ca、Mg、Fe、Mn、Cu、Zn、Pb、Al 等）、消毒副产物等指标均作了测定。其中，剩余消毒剂、金属、浊度等指标作了重点考察。各水质指标的分析仪器与方法如表 2-2 所示。

表 2-2　主要水质指标分析仪器与方法

水质指标	分析方法	分析仪器
DOC	化学燃烧氧化法	Phoenix 8000 型 TOC 分析仪（Tekmar Dohrmann Co.，U.S.A.）
金属元素	电感耦合等离子体发射光谱	OPTIMA 2000 型 ICP-OES（PerkinElmer Co.，U.S.A.）
氯/氯胺	DPD 比色法	HACH UV4000（Hach Co.，U.S.A.）
O₃	靛蓝比色法	HACH UV4000（Hach Co.，U.S.A.）
碱度	酸碱指示剂滴定法	—
浊度	光散射浊度仪	2100N　Turbidimeter　HACH（Hach Co.，U.S.A.）
pH	pH 计	METTLER　TOLEDO
电导率	电导率分析仪	METTLER　TOLEDO
DBPs	气相色谱法	HP5890
异养菌总数（HPC）	平板菌落计数法	采用 R2A 培养基

（1）AOC 测定方法：以饮用水中普遍存在的荧光假单胞菌 P17 和螺旋菌 NOX 为测试菌株，以乙酸钠作为标准营养基质。将 P17 和 NOX 分别接种在标准乙酸钠溶液中，25℃下培养 3 d、计数、计算两种菌的产率系数，再根据待测水样接种的 P17 和 NOX 的生长稳定期的菌落数和产率系数求出待测水样的 AOC 浓度。

（2）细菌总数的测定：细菌总数是指 1 mL 水样在营养琼脂培养基中，于 37℃经 24 h 培养后，所生长的细菌菌落的总数。细菌总数的测量采用平板记数法。

培养基成分为：蛋白胨（10 g）、牛肉膏（3 g）、氯化钠（5 g）、琼脂（10～20 g）和蒸馏水（1 000 mL）。将上述成分混合后，加热溶解，调整 pH 为 7.4～7.6，过滤，分装于玻璃容器中，经 121℃灭菌 20 min，储存于冷暗处备用。试管、平皿（直径 9 cm）、刻度吸管等，置于干热灭菌箱中 160℃灭菌 2 h。

取样时以无菌操作方法吸取 1 mL 充分混匀的水样，注入盛有 9 mL 灭菌水的试管中，混匀成 1：10 稀释液。吸取 1：10 的稀释液 1 mL 注入盛有 9 mL 灭菌水的试管中，混匀成 1∶100 稀释液。按同法依次稀释成 1∶1 000、1∶10 000 稀释液等备用。吸取不同浓度的稀释液时必须更换吸管。

用灭菌吸管取 2～3 个适宜浓度的稀释液 1 mL，分别注入灭菌平皿内，倾注约 15 mL 已融化并冷却到 45℃左右的营养琼脂培养基，并立即旋摇平皿，使水样与培养基充分混匀。每次检验时应做一平行接种，同时另用一个平皿倾注营养琼脂培养基作为空白对照。待冷却凝固后，翻转平皿，使底面向上，置于 37℃恒温箱内培养 24 h，进行菌落计数，即为水样 1 mL 中的细菌总数。

2.5 试验模拟管材的卫生安全性评价

本研究首先以卫生部颁发的《生活饮用水输配水设备及防护材料卫生安全评价规范》为依据，采用静态浸泡试验的方法，对本项目所采用的五种管材（铜管、镀锌管、不锈钢管、PPR 管、PE 管）的卫生安全性进行了评价，测定了浊度、pH、COD_{Mn}、pH、铁、锰、铜、锌、砷、汞、铬（VI）、镉、铅、银、氟化物、硝酸盐等指标浸泡前后的变化情况。结果表明五种管材的相关测试指标均达到了标准。因此，采用试验中所选取的管材进行研究是可行的。

本章小结

本章是整个研究的基础，介绍了主要的管网评价的模拟装置、水质指标及其测定方法。

第 3 章
含氯胺水输送过程中五种户线管材对水质的影响

对于封闭性完好的管网系统，影响管网输配过程水质变化的因素主要包括水力条件、水质条件、管道材质等几个方面。水力条件不同的重要表现是水在管网中的流速、流态的不同。增大流速将促进水中氧化剂、离子等物质与管壁之间的传质作用，加速水与管壁基体材料、腐蚀产物的接触反应过程，进而引起水质变化。相反，倘若水在管道内流速过低甚至停滞，则会延长水与管网系统的接触反应时间，从而对水质造成影响。水质条件主要有 pH、碱度、硬度、阴阳离子、温度、消毒剂种类与投量等。此外，不同管道材质对水质变化也有重要影响。例如，采用镀锌管将不可避免地导致水中锌等金属浓度升高，而铜管的使用常常会增大人体对铜、铅等金属的暴露水平。

为了全面评价水在管网输配系统过程中可能发生的水质变化，本章主要探讨基于氯胺消毒工艺的饮用水输配过程水质变化规律。前期研究表明饮用水在整个输配水管网系统中水质发生变化的部分主要集中于配水管网、小区用户端管道等部分，而在输水主干管部分水质变化很小。本章主要着眼于水质发生变化的关键部分——配水管网、小区用户端管道的管材展开研究。

3.1 出厂水水质特征

2005 年各月杨树浦水厂出厂水水质指标如表 3-1 所示。可以看出，杨树浦水厂出厂水全年温度、氨氮、硫酸盐、锰等指标变化相对较大，而浊度、pH、总碱度、总硬度等指标则相对稳定。前人研究表明，保持进入管网系统的水质稳定对于避免管道腐蚀、保持管网水质稳定是必要的。

需要指出的是，杨树浦水厂出厂水进入管网系统中的锰浓度相对较高（0.01～0.11 mg/L）。锰元素进入管网系统中可能消耗水中氯、氯胺等消毒剂导致消毒剂浓度降低，从而控制微生物生长繁殖的能力降低。锰元素发生形态转化并在管壁上沉积，从而在水力条件发生变化时由水力冲刷作用导致用户端浊度、色度等指标超标。锰元素还可能作为某些微生物生长所需的微量营养元素促进微生物的生长。

此外，还根据表 3-1 所示的杨树浦出厂水水质情况，分别计算其 LSI 饱和指数、Larson 指数、Riddick 指数等腐蚀指数，上述三种指数的计算结果均表明杨树浦出厂水具有腐蚀性。

表 3-1　杨树浦出厂水主要水质指标一览

月份	2	4	6	8	10	12
水温/℃	6.5	17.7	26.1	28.6	22.3	10.7
浊度/NTU	0.15	0.15	0.15	0.14	0.13	0.19
色度/CU	9	8	9	10	10	9
pH	7.1	7.1	7.1	7.1	7.1	7.0
总碱度/（mg/L）	86	83	84	69	77	82
氯化物/（mg/L）	86	84	108	85	77	89
总硬度/（mg/L）	181	166	177	143	140	162
氨氮/（mg/L）	1.98	0.69	0.47	0.46	0.40	0.68
耗氧量/（mg/L）	3.6	3.7	3.7	4.2	3.7	3.6
电导率/（mS/m，25℃）	71	74	85	70	60	72
铁/（mg/L）	0.05	0.05	0.04	0.04	0.02	0.03
锰/（mg/L）	0.11	0.09	0.05	0.03	0.01	0.04
硝酸盐氮/（mg/L）	4.1	3.4	3.2	4.0	2.8	2.3
溶解性总固体/（mg/L）	497	447	538	405	427	604
硫酸盐/（mg/L）	129	104	124	128	111	114
酚/（mg/L）	0.002	0.002	0.002	0.002	0.002	—
氰化物/（mg/L）	0.002	0.005	0.010	0.006	0.005	—
阴离子合成洗涤剂/（mg/L）	0.140	0.200	0.210	0.230	0.240	—
余氯值/（mg/L）	1.50	1.53	1.53	1.47	1.55	1.61

3.2　不同管材对输配水质的影响

管材是饮用水输配过程中影响水质的关键因素，管道腐蚀和输配过程引入二次污染源是管材导致水质恶化的重要原因，管道腐蚀机制、控制因子的研究及其对维持输配水系统正常的服务功能具有重要指导意义，管道腐蚀是物理、化学和生物过程相互作用的结果。配水管网常用管材可分为金属管材和非金属管材两大类。对于金属管材，特别是铁质管材，内腐蚀问题普遍存在。另外，管道内表面的粗糙程度也会对水质造成影响，粗糙的内表面往往易于成为微生物栖息繁殖的场所等，为了搞清楚不同管材对水质的具体影响，本研究完整跟踪考察了不同出厂水水质条件下进入不同材质的管路系统后的变化规律。

3.2.1　不同季节各管道中氯胺的衰减规律

对各管道中水质的变化情况进行了一年的跟踪分析。图 3-1 反映的是各管中不同季节氯胺的衰减情况，可以看出氯胺的衰减速率总体上是：镀锌管＞铜管＞不锈钢管＞PE管＞PPR 管，季节因素对氯胺衰减速率影响较大。秋冬季节氯胺衰减的速率明显降低，这主要是温度不同的原因。

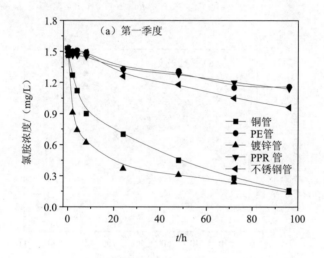

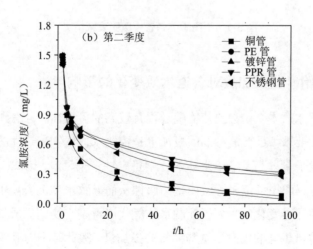

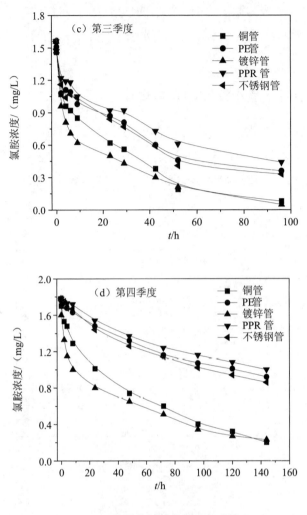

图 3-1   不同季节各管中氯胺衰减情况

3.2.2   不同初始氯胺投加量对管道水质变化的影响

为了保证管网水质安全，必须使输配过程有较高的可靠性。考虑到管网对水质的化学和生物稳定性的要求，足够消毒剂的投加量是控制水体生物稳定性的关键，但同时需要指出的是氯的投加量过高又会给水质的化学稳定性带来风险，诸如生成各种氯代消毒副产物的含量超标，增加了金属管道内壁的腐蚀从而导致水体金属离子浓度过高、使水体色度及浊度发生明显变化等，为了控制水体氯代消毒副产物的生成量，应保证水体足够氯能够灭活各种微生物的同时尽量降低氯的投加量。故针对不同氯胺投加量下各管材中的水质变化的情况对实际生产中氯的投加具有一定指导意义。

3.2.2.1　不同初始氯胺投加量下各管道中氯胺衰减

不同初始浓度氯胺投加量下，各管中氯胺的横向衰减规律如图 3-2 所示，可以看出氯胺的衰减规律基本可以分成两种状态，镀锌管和铜管衰减速率较快，而不锈钢管、PPR 管和 PE 管中氯胺衰减相对较慢，总体而言各管中氯胺的衰减规律为镀锌管＞铜管＞不锈钢管＞PE 管≈PPR 管，随着初始氯胺投加量的降低，各管中氯胺衰减差异减小，图 3-2 中 96 h 后非金属管材与镀锌管、铜管中氯胺浓度相差约 0.5 mg/L，而提高出厂水中氯胺投加量到 3.3 mg/L 后，可以明显看出金属管材中氯胺衰减与非金属管材中氯胺的浓度差异幅度显著增加，96 h 后非金属管材与铜管、镀锌管中氯胺浓度差异达到了 1.4 mg/L 以上。氯胺的初始投加量是控制管网系统中氯胺浓度的主要原因。

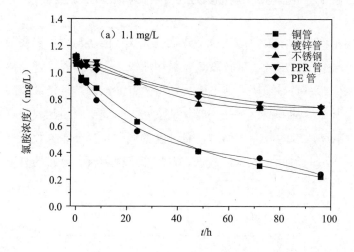

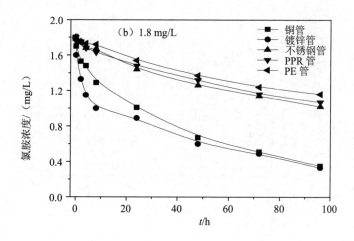

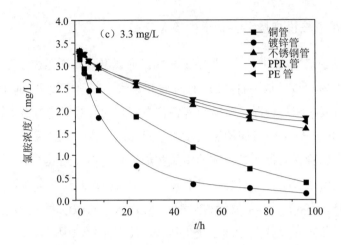

图 3-2　不同初始浓度氯胺投加量下各管中氯胺的衰减变化规律

通过各管中不同初始浓度氯胺的衰减纵向对比图（图 3-3），可以明显看出，总的来说，随着初始氯胺浓度的增大，氯胺衰减速率均加快。铜管和镀锌管中随着氯胺投加量的升高，氯胺衰减速率明显加快，这主要是基于两方面原因，首先氯胺的自身分解的动力学过程会随着其浓度的升高而加快，再者氯胺分解的重要原因是其与金属管材内壁发生了氧化反应，氯胺浓度的升高在促进自身分解的同时也提高了氧化反应速率。而塑料管材和不锈钢管管壁与氯胺反应程度较低，为此这三种管材中氯胺的衰减主要是自身分解所致。

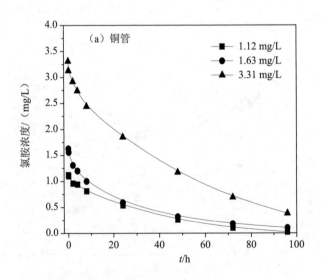

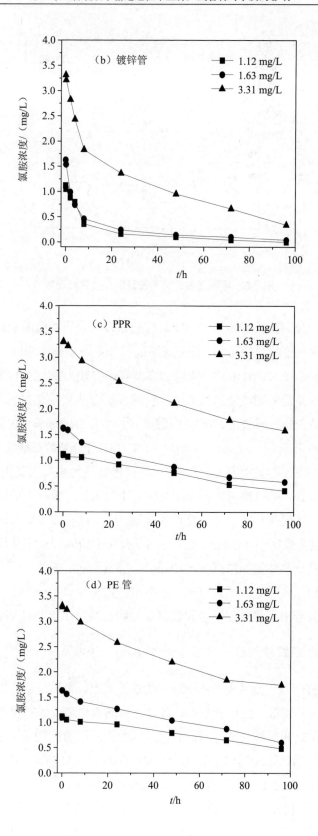

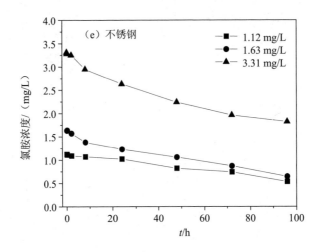

图 3-3　不同氯胺投量下各管中氯胺衰减规律

从横向和纵向分别比较了各管中不同氯胺初始投加量下氯胺的衰减变化规律。由不同氯胺投加量下水质变化情况可知，改变氯胺的投加量对水体中残留余氯的量有较大影响，提高氯胺的初始投加量对水体中氯胺的衰减规律有较大影响，不仅仅是随着浓度的升高，其衰减速率呈简单的线性递减规律，管网中氯胺的衰减有如下几方面主要因素：①与管壁（主要是金属材料管道）发生了反应[118]；②自身的分解，主要受 pH 和温度控制，在 20 世纪 90 年代初已经有科学家证实了氯胺的自身分解是酸催化反应，pH 是控制氯胺自身分解的主要参数[105]；③与水体中的有机物等物质发生氧化还原反应[112]。由于氯胺分解体系复杂，难以搞清其各方面反应的影响因素，曾有人推测水体中有机物对氯胺的衰减主要是起催化作用而非氧化还原作用，这一点也被爱荷华州大学的研究工作者否定，他们通过实验证明了氯胺确实能够与水体中有机物发生氧化还原反应[97]，从而促进了氯胺的分解。氯胺初始浓度为 1.12 mg/L、1.80 mg/L 条件下的衰减规律图可以看出氯胺的衰减规律基本一致，当调节出厂水氯胺的浓度至 3.31 mg/L 时，氯胺的衰减速率有所提高，可以看出高氯条件下金属管材中氯胺衰减速率提高幅度更大。

3.2.2.2　不同初始氯胺投加量下金属管道中金属溶出情况

对于金属管材而言，金属离子或金属氧化物的溶出、释放是影响饮用水水质的重要因素。图 3-4 对比了铜管、镀锌管中铜、锌等金属的溶出情况。结果表明：镀锌管和铜管，其金属溶出量是相对较高的。当提高进入管网体系的氯胺初始浓度时，金属离子的溶出量明显增加，当氯胺的投加量从 1.12 mg/L 提高到 3.31 mg/L 后，铜管中铜离子溶出浓度最高值从 1.15 mg/L 增加到了约 1.70 mg/L；镀锌管中锌离子溶出变化更明显，当初始氯胺浓度从 1.12 mg/L 变化到 3.31 mg/L 时，其锌离子的溶出浓度最高值从约

5.0 mg/L 增加到了 10 mg/L 以上。

此外，锌、铜的溶出均呈现刚开始急剧升高，之后逐渐下降的过程。这可能是由于运行初期氯与铜、锌反应而导致其溶出释放；随着反应时间的延长，铜、锌离子可能与水中 OH^-、CO_3^{2-} 等组分发生反应沉淀析出，并在管壁表面沉积导致其浓度下降。管材是影响浊度变化的一个重要因素，尤其是未做内防腐的金属管道，腐蚀后松散的腐蚀产物冲刷进入水中，造成浊度升高。大量监测数据表明，在无内防腐的铁质管道内，浊度随管线逐渐增加。对于金属管材而言，金属离子或金属氧化物的溶出、释放是影响饮用水水质的重要因素。金属管道腐蚀的直观表征参数就是色度和浊度的升高。试验过程中同时监测了浊度的变化，初始氯胺浓度为 1.71 mg/L，pH 为 7.4。结果发现浊度与金属浓度表现出相似的变化规律（图 3-5）。因此，可以推测水中浊度的升高与管材金属溶出以及形成固相氧化物或水解产物有关。

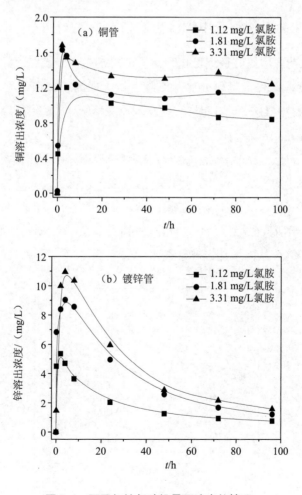

图 3-4　不同初始氯胺投量下溶出的情况

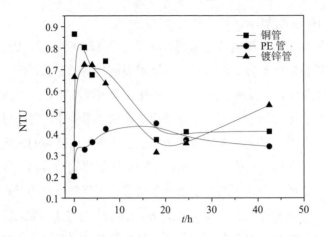

图 3-5　铜管、镀锌管和 PE 管中浊度变化规律

3.2.3　氯、氯胺消毒使铜管中铜溶出的情况

一般意义上认为，用氯胺替代氯作为二次消毒剂是由于氯胺比氯稳定，容易保证管网末端的余氯浓度，此外大量研究显示氯胺消毒生成的氯代消毒副产物要远低于氯消毒。但是在金属管材中氯胺、氯均能与管壁发生反应情况下，氯胺是否仍然比氯稳定呢？有必要对此进行研究。

本研究对比了氯胺与氯在铜管中的消毒剂衰减和铜离子溶出情况，实验条件是：初始氯胺和氯的投加量均为 2.0 mg/L。可以看出氯胺比氯稳定，其衰减速率明显低于氯，但同时氯胺相对于氯而言又能明显增加铜的溶出，从而增加了水体的重金属离子超标的风险。这可能是基于两方面原因：①氯胺存在时间长，能持续氧化铜从而导致铜的溶出；②氯胺能与铜离子络合从而增加铜离子在水中的溶解性。

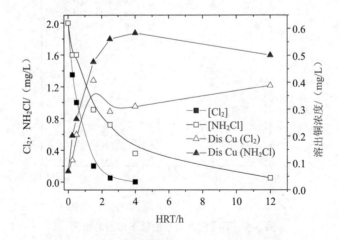

图 3-6　氯胺、氯投加下，铜管中铜溶出对比

3.2.4　不同 pH 条件下管中的水质变化

pH 是最为重要的水质参数之一，它不仅决定了许多化学反应热力学平衡过程，而且对反应动力学过程也有重要影响。本研究从氯胺消耗衰减、金属溶出等角度考察 pH 对输配水过程水质的影响。由不同 pH 条件下氯胺在几种管道中的衰减过程表明氯胺在不同管道中的衰减均随着 pH 的升高而降低。较低的 pH 表现出明显的促进氯胺衰减的作用效能。pH 主要从以下角度影响余氯的消耗过程。首先，pH 直接影响了氯胺的自身分解，前期研究表明氯胺分解是酸催化过程[105]；其次，pH 的降低导致了氯胺体系氧化还原电位的增加，从而导致氯胺与金属管壁反应加剧，既加快了氯胺的分解又致使金属离子溶出显著提高。所以 pH 是确保管网体系中维持足够氯胺浓度和控制金属溶出的最重要因素之一，本研究结果表明，在工程实际中进行出厂水二次加氯消毒时应根据水的 pH 等参数确定最佳氯投加量以保证管网中维持足够的消毒剂浓度。

3.2.4.1　不同初始 pH 条件下各管中氯胺衰减情况

如第 1 章氯胺的分解模型可知，pH 的降低既促进了氯胺的水解反应，又促进了氯胺的分解，另外，由于氯胺的分解是酸催化反应，所以 pH 是控制管网体系中足够氯胺浓度的最重要因素之一，本研究结果表明，在实际工程中进行出厂水二次加氯消毒时应根据水的 pH 等参数确定最佳氯投加量以保证管网中维持足够的消毒剂浓度。

图 3-7 横向对比了不同 pH 条件下各管中氯胺的衰减变化规律，可以看出改变出厂水 pH 后氯胺的衰减变化规律与改变初始氯胺投加量的衰减情况基本一致，值得指出的是，pH 为 6.7 时各管间氯胺衰减差异要小于 pH 为 8.3 的情况，同时可以看出在酸性条件下铜管镀锌管中氯胺衰减速率差异幅度减小。由于非金属管和不锈钢管中氯胺的衰减主要受水质部分影响，管材的影响部分较小，所以结合改变初始氯胺投加量的情况可以说明：①pH 的改变对非金属管中氯胺的衰减影响程度要高于金属管材；②管网系统水质 pH 从 7.3 提高到 8.3 后，铜管中氯胺衰减速率明显降低，镀锌管中氯胺衰减规律影响不大；③pH 越低铜管中氯胺衰减越快。

图 3-8 为五种管道中不同 pH 条件下氯胺衰减的纵向分析情况，五种管中氯胺的分解规律表明：①随着出厂水的 pH 的提高，各管中氯胺衰减速率均减慢；②在 pH 为 7.3 和 8.3 时氯胺的衰减速率曲线相差较小，尤以铜管和镀锌管中情况最为显著，pH 为 7.3 和 8.3 时，这两种金属管中氯胺衰减曲线基本符合；③pH 为 6.7 时的氯胺衰减速率要明显高于 pH 为 7.3 和 8.3 的情况，即酸性条件下各管中氯胺衰减速率明显加快。

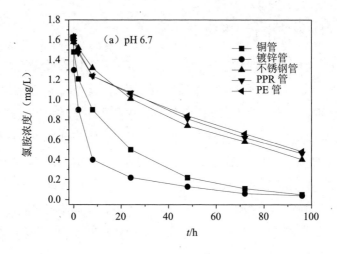

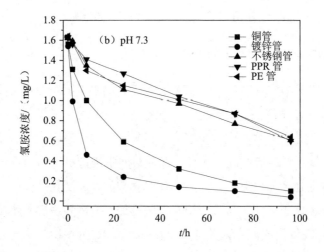

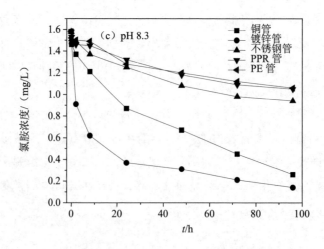

图 3-7　不同 pH 条件下各管中氯胺消耗

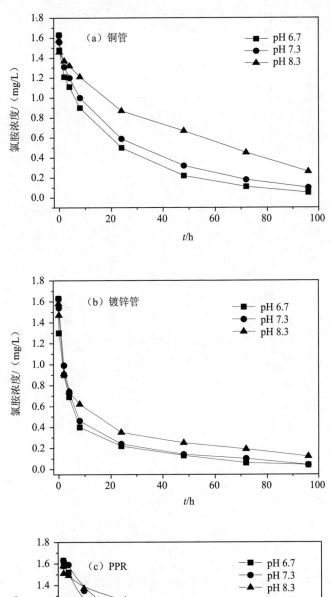

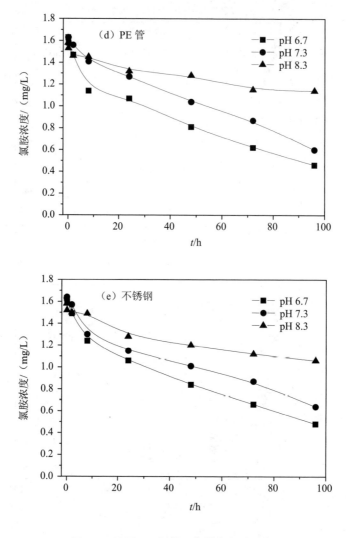

图 3-8　不同 pH 条件下各管中氯胺消耗

　　根据 pH 对各种管中氯胺的衰减影响的考察，可以说明提高出厂水 pH 至碱性条件是控制管网中氯胺浓度、保证管网水质稳定性的重要手段。

3.2.4.2　不同初始 pH 条件下金属管中金属溶出情况

　　图 3-9 对比了铜管、镀锌管中铜、锌金属的总溶出情况。结果表明，①在其余水质条件相同的情况下，体系 pH 不同各种金属管的金属溶出过程也不相同。总的来说，pH 越高管中金属溶出越少，提高体系 pH 表现出明显的抑制金属管腐蚀、溶出及其释放的能力。故在工程中采用提高体系 pH 以抑制管腐蚀是可行的。②对于实验所采用的新铜管、镀锌管等管材，其金属释放量是相对较高的。锌的溶出最高能达到 3.5 mg/L，而铜

的溶出也接近 1.50 mg/L。此外，锌、铜的溶出均呈现刚开始急剧升高，之后逐渐下降的过程。这主要是因为运行初期氯与铜、锌反应而导致其溶出释放。随着水体 pH 的变化，铜、锌离子可能与水中 OH^-、CO_3^{2-} 等组分发生反应沉淀析出，并在管壁表面沉积导致其浓度下降。pH 和碱度对水中金属离子铜、铁、锌的浓度影响非常大。一般来说，较高的 pH 和碱度有利于减轻金属管道的腐蚀，抑制金属离子的释放。

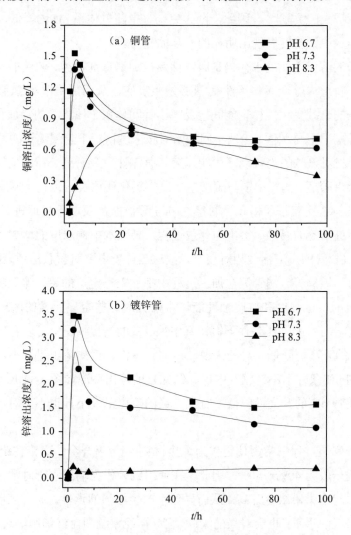

图 3-9　不同 pH 条件下锌溶出对比

对铸铁管、不锈钢管中的铁元素而言，在饮用水的 pH 范围内（一般为 7～9），铁的腐蚀产物通常以固相形式沉积在管壁内表面形成腐蚀产物层或直接释放到水相中[17, 18]。在饮用水相对较窄的 pH 范围内，pH 的有限变化对铁的腐蚀和释放的影响并不显著。此外，从原电池的角度而言 pH 升高应该抑制铁的腐蚀，但 Stumm 等的研究发现 pH 的升高会加重铁的腐蚀并易于产生不均匀腐蚀现象，导致腐蚀产物形成结核状突起。此外另有研究发现，pH 降低会抑制铁的腐蚀产物的释放[17, 18]。就铜管而言，pH 是影响铜在水中溶解度的最为重要的水质参数之一。即便在饮用水相对较窄的 pH 范围（7～9）内，pH 的变化也会对铜的溶解度有显著影响，pH 降低，铜的溶解度迅速升高。此外，Cu^{2+} 的水解及其与 HCO_3^-、CO_3^{2-} 的结合能形成许多稳定的溶解态络合物，从而对增大铜在水中的溶解度有极大的贡献[34]。因此，图 3-9（a）中随着体系 pH 的降低，饮用水在铜管输配过程中其水中铜浓度表现出明显的升高的趋势。

金属离子的溶出主要受水体自身腐蚀性及投加消毒剂种类、浓度的影响，对于饮用水输配过程，管道内壁金属与活性氯/氯胺发生反应，从而加快了氯/氯胺的消耗衰减过程。为此氯胺的衰减变化规律也能间接反映出管网体系金属离子的释放程度。图 3-4，图 3-9 详细考察了不同水体 pH 及不同初始氯胺浓度情况下金属离子的溶出情况。可以看出，不同管材对氯胺的消耗衰减影响显著；镀锌管中金属离子释放量较大，与氯胺衰减迅速直接得以验证；铜管中铜与氯胺主要发生氧化还原反应致使管网水中铜离子浓度升高。镀锌管与之反应原理相似。铜管中铜与氯/氯胺的反应不仅促进了氯/氯胺的衰减过程，而且促进铜管的腐蚀、溶出与释放过程，导致水中铜浓度的增加。氯胺与不锈钢管、PPR 管、PE 管的反应活性相对较小，故这三种管内壁对氯胺消耗衰减的影响较小。

不锈钢管、镀锌管、铜管等在加工过程中都加入一定量的铅、镍、锰等其他金属元素以提高材料的机械强度和抗腐蚀性能，本研究对这些金属元素的溶出情况也作了探讨。图 3-10 给出了不同 pH 条件下镀锌管中铁、锰的溶出情况。可以看出两种金属的溶出均随着 pH 的升高而降低，总的来说，镀锌管中铁、锰的溶出量较小，不会对水质造成影响。不同 pH 条件下不锈钢管中镍、锰元素的溶出情况如图 3-11 所示。同样，镍、锰的溶出均随着 pH 的升高而降低，且镍、锰的溶出量较小，也不会对水质造成明显影响。

由于铜管安装过程中常常使用作为焊接材料的铅/锡合金，而铅在铅/锡合金焊接材料中所占比例一般为 40%～50%。因此，在使用铜管作为输配水管时常常会由于铅的腐蚀和溶解而引起水中铅浓度升高，从而导致水产生极强的毒性。研究表明，即便水中铅的浓度在非常低的水平，也会对人的大脑、肾、神经系统和血红细胞等造成损伤和危害。美国环保局 EPA 在 1991 年制定的铜/铅法规中规定铅在饮用水中的最高允许浓度为 0.015 mg/L。本研究对铜管中铅的溶出情况也作了测定，结果如图 3-12 所示。采用铜管作为饮用水输配管材，确实会在一定程度上导致饮用水中铅浓度的升高，但在本试验研究条件下，铅并未超出美国 EPA 制定的最高允许浓度标准（0.015 mg/L）。同样，铅的溶出也存在一个先升高后下降的浓度变化过程。

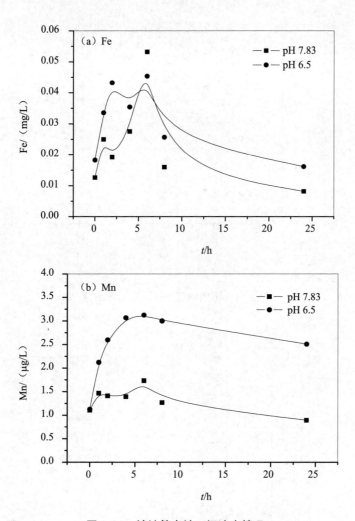

图 3-10　镀锌管中铁、锰溶出情况

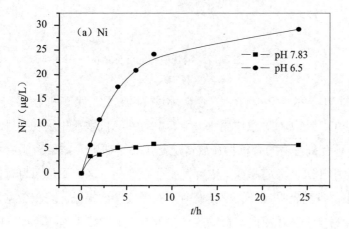

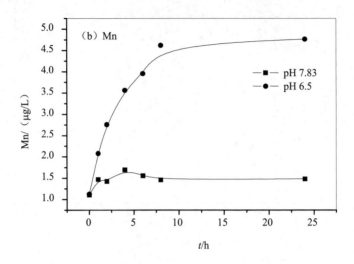

图 3-11　不锈钢管中镍、锰的溶出情况

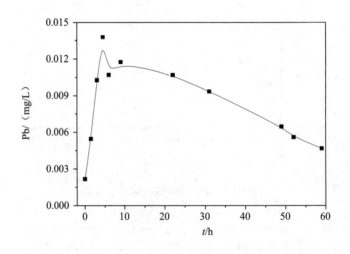

图 3-12　铜管中铅的溶出情况

有机管材如 PPR、PE、PVC 会向水体释放挥发性有机物质（volatile organic components，VOC），从而导致饮用水产生臭味，并降低水质生物稳定性。本研究对 PPR 管、PE 管两种有机管材的有机物释放情况等进行了研究，结果表明这两种有机管材基本不会导致水中 TOC（总有机碳）浓度发生明显变化，这主要是因为有机管材对水体有机物释放较小，研究表明其释放种类繁多，但释放量均极低，均在微克每升数量级。高密度聚乙烯管材向水体释放的有机物成分主要是 2,4-二叔丁基-苯酚，它的主要来源是管材中的抗氧化剂（亚磷酸酯类加工稳定剂），同时释放的有机物还含有酯、醛、酮、芳

香烃及萜类等一系列成分。有机管材释放污染物主要对水质生物稳定性造成影响，为此本实验着重以有机管材中生物稳定性参数作为重点考察对象。

3.3　不同管材管道中消毒副产物生成量对比

3.3.1　三氯甲烷（THMs）生成对比

图 3-13 为反应 3 d 后各管中氯仿的生成情况，可以看出在氯胺消毒的情况下，总体消毒副产物三氯甲烷（THMs）生成量很少，在约 5 mg/L 氯胺投加量下，生成氯仿浓度的最大值也不超过 16 μg/L。反应后测得剩余氯胺浓度分别为对照 2.99 mg/L、铜管 0 mg/L、PE 管 3.32 mg/L、PPR 管 3.21 mg/L、镀锌管 0 mg/L、不锈钢管 2.68 mg/L。从氯仿的生成情况可以看出，镀锌管中生成的氯仿量最少，其次是铜管和不锈钢管。镀锌管中氯仿的生成量较少有两个原因：①锌与氯胺迅速反应降低余氯浓度，从而降低氯化反应程度；②目前对于铁、锌金属在水处理中还原氯代有机物的研究很多，锌、铁与氯代物发生还原反应使得氯仿被还原[147]。铜管中情况有所不同，研究表明铜能够催化消毒副产物的生成[153, 156]，故而铜管中消毒副产物相对较高。

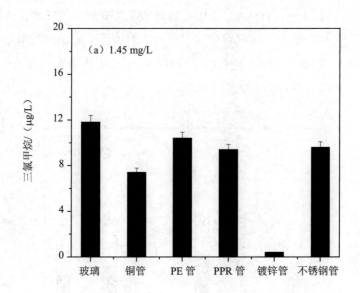

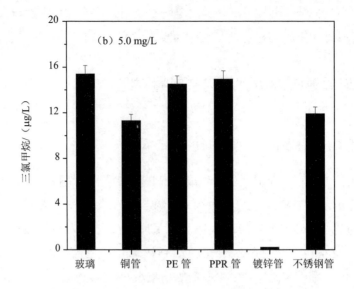

图 3-13　不同氯胺投加量下各管中三氯甲烷的生成情况

3.3.2　氯乙酸（HAAs）生成对比

图 3-14 显示水样中初始氯浓度为 1.5 mg/L 时，氯乙酸（HAAs）生成量高于氯仿生成量，镀锌管中无三氯乙酸（TCAA）生成，总 HAAs 生成规律是镀锌管＜铜管＜不锈钢＜玻璃管＜PE 管≈PPR 管；有机管中氯乙酸高于玻璃管主要是因为微量有机物溶出参与反应生成 HAAs 的缘故。各管中 THMs 与 HAAs 生成规律基本一致，说明管材对消毒副产物的影响，HAAs 生成量要大于 $CHCl_3$。

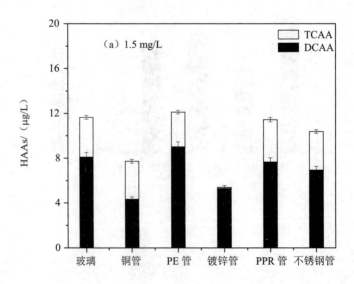

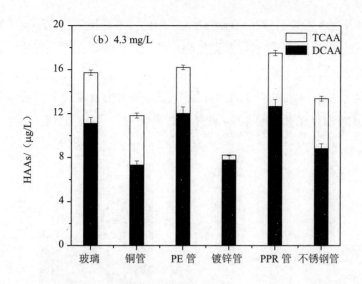

图 3-14　不同氯胺投加量下各管中氯乙酸（DCAA、TCAA）的生成情况

3.4　各管路中水质生物稳定性变化

水的生物稳定性通常是指水中存在的营养物质对促进微生物生长繁殖的能力的大小，一般用限制微生物生长的营养物质的浓度来表征。在供水管网系统中，细菌的再生长与水中生物可降解有机物含量之间的相关性，已经被许多研究者所证实。在水处理过程中尽可能地降低有机物的含量是有效控制细菌生长使水质获得生物稳定性的最重要途径，同时有机物的去除也可以降低消毒剂的消耗，减少消毒副产物的生成。对于管网输配过程而言，水中高浓度的营养物质同其他物理、化学和工程操作因素一起导致细菌在管网中大量再生长以及杆菌的出现。要保证水质的生物学指标不发生恶化，一方面要尽可能避免微生物进入到管网系统中，另一方面尽可能将处理的水中促进微生物生长的营养物质浓度控制在一定浓度水平以下。

在输配过程中生物不稳定的水进入管网后能够使微生物大量生长繁殖，从而对水质造成许多不利的影响，如加剧管道的腐蚀，影响水的输送能力，产生令人生厌的气味，增加致病菌出现和发生饮水致病事故的几率。正基于此，本实验考察了管网中生物可利用碳、异氧菌及大肠杆菌的综合变化情况，对不同管材管路中水质的生物稳定性进行综合评价。

3.4.1　细菌总数的变化

微生物指标是饮用水的重要指标之一，饮用水中微生物含量较高，其微生物安全性大大下降，人体因饮水致病的潜在可能性增大。因此，考察微生物在不同管路系统中的生长增殖情况，进而探讨不同管材控制微生物生长的能力对于工程实际中管材的优选具有较大的工程价值。本研究所选取的管材主要是针对小区、室内管材。饮用水输配到小区、建筑室内之后水中余氯浓度大大降低，在管网末梢余氯甚至接近于零。实验中对比考察了低氯胺浓度条件下四种不同管材对大肠杆菌生长的控制效能，结果如图3-15 所示。

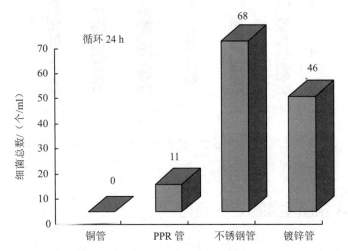

图 3-15　不同管材控制微生物生长效能对比（初始氯胺浓度 0.10 mg/L）

图 3-15 结果表明，铜管具有最强的抑制大肠杆菌生长的能力[90]，而不锈钢管、镀锌管两种管材管道中微生物生长量较大。因此，铜管作为用户终端的输配水管材在控制微生物生长方面具有较大的比较优势。此外，对于低活性氯浓度条件的直饮水系统采用铜管进行输送能有效地控制微生物在系统内的生长繁殖。

3.4.2　HPC（异养菌）的变化

异养菌（HPC）是饮用水的重要指标之一，饮用水中 HPC 含量较高，其微生物安全性大大下降，人体因饮水致病的潜在可能性增大。因此，考察 HPC 在不同管路系统中的生长增殖情况，进而探讨不同管材控制微生物生长的能力对于工程实际中管材的优选具有较大的工程价值；同时可同化有机碳（AOC）与异养细菌在给水管网中的生长密切相关，自 20 世纪 90 年代以来已成为国际上研究饮用水生物稳定性所要关注的重点和主要指标。为此对管网水质 AOC 与 HPC 的考察即能较完整地对管网水质的生物稳定性给予评估，同时由于这两者之间具有相关性，故可以对所测得的微生物参数进行相互印证。

由于水体中消毒剂浓度是控制微生物生长的关键因素，为此就出厂水不同初始氯胺投加量下异养菌的生长情况展开实验。实验考察了出厂水氯胺浓度条件和提高氯胺浓度条件下各管路中 HPC 的变化情况，实验周期为 5 d，对反应周期内异养菌的变化情况进行跟踪。HPC 测定方法为 R2A 平板计数法，把异养菌置于 35℃培养箱培养 48 h 能获得典型的最高数目。

3.4.2.1　低氯胺投加量下不同管中 HPC 的变化情况

较低氯胺投加量的情况按初始氯胺的浓度为 1.5 mg/L 进行（图 3-16），本组实验在夏季进行，管网系统温度较高，初始温度为 28℃，温度和消毒剂是管网体系中控制异养菌类微生物生长的主要指标，故实验过程中严格控制了水体的温度，保证其变化差异在 5℃以内。通过对 5 d 内 HPC 的生长情况可知，各管中 HPC 均在 1 d 以后开始迅速生长，总的来说镀锌管中 HPC 生长最为迅速，不锈钢管、PE、PPR 前两天生长情况差异不大，但到两天后 PE 管中 HPC 的生物量明显增加。铜管中 HPC 基本不能生长。

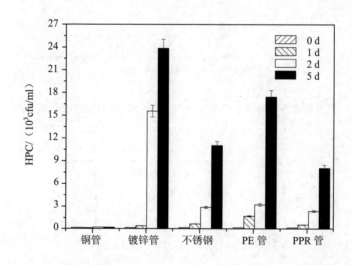

图 3-16　较低浓度氯胺下各管路中 HPC 的变化情况（1.5 mg/L 氯胺，28℃）

3.4.2.2　高氯胺投加量下不同管中 HPC 的变化情况

提高初始氯胺投加量至 3.3 mg/L，各管中 HPC 变化和氯胺衰减规律分别如图 3-17、图 3-18 所示。结果表明提高氯胺初始浓度后，各管中 HPC 变化规律基本不变。从 HPC 的生长图可以得到如下结论：①不同氯胺浓度投加量下，各管中异养菌生长规律基本一致，五种管中 HPC 的生长数量为：镀锌管＞PE 管＞不锈钢管＞PPR 管＞铜管；②结合氯胺的衰减图可以看出，水体中氯胺的浓度的确是控制 HPC 的关键，镀锌管中氯胺衰减快，夏季温度高，反应 1 d 后镀锌管中氯胺的初始浓度就从 1.6 mg/L 降到了 0.3 mg/L

以下，同时异养菌开始迅速生长，尽管反应 1 d 后铜管中氯胺浓度也迅速下降，但是由于铜离子具有抑制微生物生长和灭活微生物的能力，已有研究指出氯胺和二价铜离子共存时对埃希氏菌属——大肠杆菌等具有协同灭活作用[90]。故体系由于铜离子的溶出致使 HPC 并未生长。将体系中氯胺的初始浓度从 1.5 mg/L 提高到 3.3 mg/L 后，整体 HPC 的生长量明显下降。

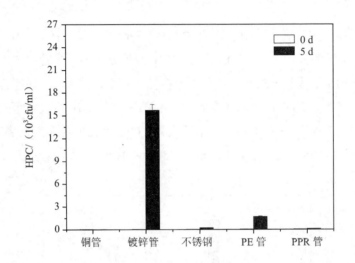

图 3-17   高氯条件下各管网系统中 HPC 的变化情况（3.3 mg/L 氯胺，25℃）

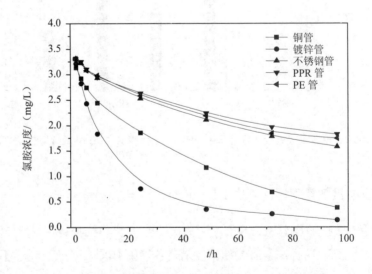

图 3-18   高氯投加量下各管网系统中余氯的衰减情况（25℃）

3.4.3　AOC 的变化

在配水和储水系统中细菌繁殖会导致水质恶化，消毒后水中残留的细菌可以利用水中营养物质繁殖再生长，并形成生物膜。试验证明细菌再生长的潜力与营养物浓度有着十分密切的关系。不是所有的有机物都易被微生物分解利用，能为细菌生长提供能源和碳源的那部分有机物被称为易变化的溶解性有机碳即可生物降解有机碳（BDOC），或可同化有机碳（AOC）。目前，还未发明简单易行的化学替代测定方法，普遍主张采用生物测定法。生物测定方法中，用接种细菌的最大密度生长来估计限制性营养物质的浓度。AOC 生物测定方法中基本的假设是氮和磷是过量的，有机碳是限制性营养物质，用于测定的微生物具有配水系统中的总体微生物生理特性，测定 AOC 所用的菌种为荧光假单胞菌 P17 菌株和螺旋菌 NOX 菌株。菌种在 6℃冰箱中用 LLA 斜面作纯种保存。AOC 测定原理是测试纯细菌菌种在被测水样中生长的最大浓度。菌落计数用于测定细菌浓度。利用一种被选定的有机物的产率系数，通过最大菌落计数可以计算得到 AOC 浓度。而那种被选定的有机物必须是可以被利用的唯一的能源和碳源，并以被测水样中每升含多少碳来表示。

3.4.3.1　低氯胺浓度投加量下各管中 AOC 的变化

氯胺的投加量均为 1.5 mg/L 左右，分别取不同时期管网系统模型中水样进行实验，考察管材对水质 AOC 的影响。同时用短管试验对其 AOC 的变化规律进行辅证。需要指出的是，铜管系统中溶出铜离子会抑制菌种 P17 及 NOX 的生长，文献查阅及实际实验发现向含铜离子的水样中投加适当掩蔽剂能够掩蔽铜离子对 AOC 测定的影响，由对比空白实验发现针对本实验系统该投加量掩蔽剂对 AOC 测定基本无影响。

从图 3-19 可以看出 AOC 值均在 100 μg/L 以上，铜管中水样 AOC 明显升高，其他管中 AOC 差异不大。这可能是由于铜管中铜离子的释放促进了氯胺氧化反应过程中更多的可以被生物利用的小分子有机物生成，从而导致了水体中 AOC 的提高。尽管铜管能抑制大肠杆菌等微生物的繁殖，铜管体系中水质生物稳定性以及铜对水体 AOC 的深层作用机制还有待进一步的研究。

3.4.3.2　高氯胺情况下各管网中 AOC 的变化

提高水样氯胺的初始浓度至 3.3 mg/L，同样取系统及短管实验水样多次重复测定 AOC（同化有机碳）的变化情况，短管实验中氯胺投加量高于出厂水的投加量后，会导致金属离子（铜、锌）溶出过高，已经超出投加掩蔽剂可控制范围，菌种生长严重受影响，难以测定其水样 AOC；系统实验中氯胺的投加在 3.0 mg/L 左右菌种能规律生长，且重现性好，数据可靠，能够明确地反映出管材对管网水质 AOC 的影响。图 3-20 为循环系统实验中水样的 AOC 变化情况，初始氯胺投加量为 3.3 mg/L，从中可以看出，铜管和 PE 管 AOC 明显高于其余管及出厂水，镀锌管略高于 PPR 管和不锈钢管，同时对比不同氯胺投加量下的 AOC 值可以看出当提高氯胺初始浓度后，AOC 总体水平升高，这主要是氯胺进一步氧化水体有机物导致生物可利用碳更多生成的缘故。

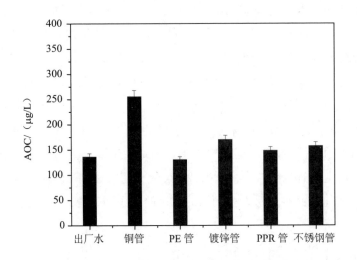

图 3-19　低氯胺（1.5 mg/L）条件下不同管路中水质 AOC 变化情况

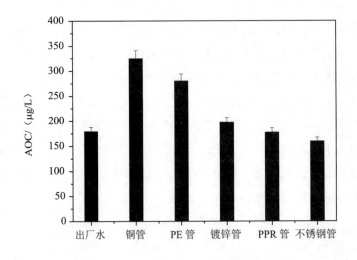

图 3-20　高氯胺（3.3 mg/L）条件下不同管路中水质 AOC 变化情况

提高氯胺初始浓度至 3.3 mg/L 后，PE 管和铜管体系中 AOC 明显升高，而其他管中 AOC 值变化较小。PE 管中 AOC 浓度升高是因为 PE 管内壁向水体释放了一部分能被生

58

物利用的有机物的缘故[11]。

结合 HPC 测定和大肠杆菌的生长情况可以看出，铜管中微生物基本不生长，镀锌管生物活性高，大肠杆菌等异养菌繁衍迅速。同时 HPC 与 AOC 的实验结果具有相关性，数据基本能够反映管材对管网水质生物稳定性的影响。相对管材而言，水体消毒剂的浓度对控制微生物繁殖能力显得更为重要，消毒剂存在于水体的浓度是决定管网体系微生物量的主导因素[11]。

$$B_f = \gamma \exp[n\text{Cl}_2] \exp[-E / R(T + 273)] \qquad (3\text{-}1)$$

式（3-1）能很好地反映 HPC 生长数量与水体中氯及温度的关系，实验结果说明余氯浓度、温度及金属的种类和浓度是控制管网系统微生物生长的主要参数。由于铜离子与氯胺联合使用时具有协同消毒效果，因此可以对铜离子和氯胺的协同消毒能力进行优化研究，从而指导实际铜管输配过程中水质的最佳条件。

3.5　管路中的温度、pH、溶解氧等理化指标

水体理化性质是决定管道内壁腐蚀状况的重要因素。一般认为，pH、碱性低，溶解氧，Cl^-、NH_4^+、Cu^{2+}、Fe、Mn 等金属阳离子含量高，电导率值大的水对管道的腐蚀作用大。研究表明腐殖酸等天然有机物的存在能够改变 CaCO_3（s）、FeCO_3（s）和 FeOOH（s）等的晶形结构和沉降速率，抑制腐蚀过程，但也有些有机化合物与重金属发生配位化合反应或促进微生物生长而加快腐蚀进程[19, 20]。水温越高，电化学和化学反应速率越快，材料腐蚀越严重。15℃是自来水输配系统内微生物生长的临界温度，水温超过 15℃后，系统内附生微生物的代谢活性显著加强，提高管材的腐蚀速率[11]。

CO_2 溶于水后对金属材料均具有较强的腐蚀性，CO_2 在水介质中能引起钢铁迅速的全面腐蚀和严重的局部腐蚀，CO_2 腐蚀典型的特征是呈现局部的点蚀、癣状腐蚀和台面状腐蚀。一般地表水特性水源的自来水要比地下水的腐蚀性强，而杨树浦水厂水源正是完全具有地表水特性的黄浦江上游水。当其进入管网体系后，二氧化碳、pH 及溶解氧等是控制金属管道腐蚀的重要条件，所以考察由碱度、pH 及溶解氧在管网体系变化对管网体系腐蚀情况的考察具有重要参考意义，同时研究水体金属离子及浊度的变化是管道腐蚀的最直接表现。

碱度、溶解氧、电导率、钙镁离子浓度等影响管网腐蚀的参数统计情况见表 3-2，尽管这几种参数理论上对金属腐蚀的影响较大，但由统计表显示进入管网体系后这几种参数变化量均较小。实验中溶解氧浓度约 10 mg/L，碱度处于 80～90 mg/L 之间，电导率基本于 800 μS/cm 波动，钙镁离子浓度在实验过程中基本保持不变约 1.5×10^{-3} mol/L。

表 3-2　不同水质条件下管网系统中 DO、碱度、电导率统计数据

参数		0～96 h			0～96 h		
		不同初始氯胺浓度			不同初始 pH 条件		
		1.12	1.63	3.31	6.7	7.3	8.3
铜管	溶解氧	9.94～10.8	9.98～10.7	9.83～9.97	9.96～10.7	9.92～10.0	9.82～9.94
	碱度	84～90	84～90	76～85	78～87	74～85	78～92
	电导率	760～854	745～876	760～822	769～837	788～861	830～866
	pH	7.03～7.14	6.98～7.18	7.06～7.21	—	—	—
	总钙镁	1.54～1.66（$\times 10^{-3}$ mol/L）					
镀锌管	溶解氧	9.84～9.98	9.91～10.3	9.98～10.2	9.89～9.97	9.94～10.4	9.82～10.2
	碱度	84～93	76～89	74～91	78～82	76～95	79～96
	电导率	760～793	745～876	736～783	752～833	783～877	830～883
	pH	7.03～7.17	7.04～7.22	7.03～7.14	—	—	—
	总钙镁	1.49～1.61（$\times 10^{-3}$ mol/L）					
不锈钢	溶解氧	9.98～10.7	9.79～9.96	9.88～9.94	9.89～9.97	9.87～9.95	9.85～10.4
	碱度	78～89	77～91	79～93	78～86	76～83	78～93
	电导率	760～814	734～798	760～817	748～783	763～789	829～874
	pH	6.93～7.13	7.05～7.16	7.04～7.20	—	—	—
	总钙镁	1.55～1.64（$\times 10^{-3}$ mol/L）					
PPR 管	溶解氧	9.91～10.08	9.86～10.1	9.96～10.3	9.85～9.97	9.96～10.2	9.93～10.7
	碱度	80～87	81～89	75～83	73～84	76～89	74～86
	电导率	752～783	745～797	739～764	734～782	746～768	830～854
	pH	6.99～7.14	7.05～7.28	6.92～7.30	—	—	—
	总钙镁	1.6～1.66（$\times 10^{-3}$ mol/L）					
PE 管	溶解氧	9.88～9.96	9.83～10.4	9.79～9.94	9.81～10.00	9.86～10.5	9.88～9.98
	碱度	75～84	84～93	73～85	75～82	74～91	78～93
	电导率	751～788	745～803	760～773	734～785	746～803	830～892
	pH	7.02～7.16	7.01～7.20	7.03～7.23	—	—	—
	总钙镁	1.63～1.68（$\times 10^{-3}$ mol/L）					

3.6　户线管材腐蚀表征

3.6.1　管壁腐蚀宏观形貌

　　户线管材模拟系统及浸泡实验管材使用一段时间后，对其金属管材内壁腐蚀层形貌及其成分进行表征，图 3-21 为三种金属管材不锈钢管、铜管及镀锌管内壁的实物放大照片，放大倍数约 50 倍。从管材内壁物质的形貌可以看出，不锈钢表面光滑，质地相对比较均匀，基本看不出有点腐蚀或局部腐蚀的情况，相比不锈钢管而言，铜管和镀锌

管内壁均有层状物质出现，铜管已经明显能看到多处铜绿物质生成，镀锌管内壁腐蚀最为严重，已经形成大量的白色隆起的结垢物质。

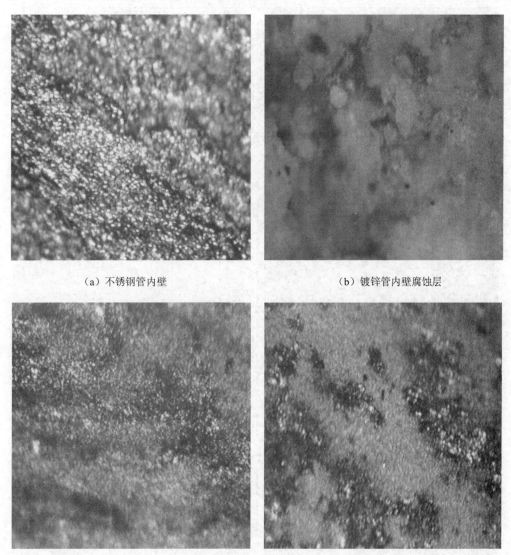

（a）不锈钢管内壁　　　　　　　　　　　（b）镀锌管内壁腐蚀层

（c）铜管内壁腐蚀前后对比照片

图 3-21　三种金属管材不锈钢管、铜管及镀锌管内壁实物照片

3.6.2　腐蚀层结构及产物元素分析

由三种金属管材内壁腐蚀层 SEM 扫描图 3-22，可以看出：①不锈钢内壁物质均匀，结合能谱元素分析可以验证其内壁基本无腐蚀发生；②铜管和镀锌管内壁均有局部腐蚀，由腐蚀产物的结构可以看出镀锌管中腐蚀层明显要比铜管中腐蚀层厚，且面积大，

但铜管的腐蚀层的致密度及黏附管壁程度明显优于镀锌管。

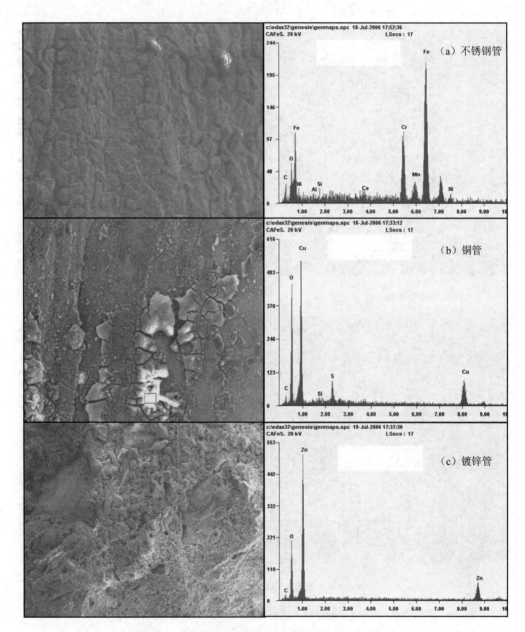

图 3-22　不锈钢、铜管、镀锌管的 SEM/EDX 扫描

　　对其腐蚀产物进行元素分析，不锈钢管基本无腐蚀情况，但从能谱图可以看出也有少量的铁氧化物出现，同时，需要指出的是，不锈钢管中存在一定铬元素，饮用水中铬元素的标准很低，仅为 0.05 mg/L，为此不锈钢管中铬的存在会对水质产生一定饮用安全风险。

镀锌管内壁已经生成较多白色腐蚀产物，其主要成分是锌的碳酸盐及氢氧化物。由于能谱不能对 K 带元素进行分析，所以能谱图未表征氢元素，显而易见，腐蚀是在水相中发生的，故腐蚀层物质里面一定有大量的氢元素的存在，所以可以分析出金属盐的形态主要是 $ZnCO_3$、$Zn(OH)_2$ 混合物。铜管腐蚀产物与镀锌管基本相似，主要也是铜的碳酸盐和氢氧化物及其混合物，根据系统实验对铜管中铜离子的跟踪测定发现：实验后期铜离子浓度总体降低，结合国际上的研究可知这主要是铜的氧化层出现后会阻止一定量氯胺继续对内层铜的氧化作用，同时由于北京市自来水中钙镁离子浓度较高，钙镁的沉积也会起到一定保护作用。

由金属管材内壁腐蚀情况的综合考察，形象直观地说明了几种金属管在输配水过程中的防腐能力及其对水质产生的直接影响，总体而言不锈钢管最为稳定，基本没有腐蚀发生，镀锌管腐蚀较严重，其腐蚀程度与实验中对溶出金属离子的测定情况基本符合。

本章小结

1）户线管中氯胺的衰减速率总体上是：镀锌管＞铜管＞不锈钢管＞PE 管（聚乙烯）＞PPR（聚丙烯）管，季节因素对氯胺衰减速率影响较大。秋冬季节氯胺衰减的速率明显降低，这主要是温度不同的原因。

2）随着初始氯胺浓度的增大，氯胺衰减速率均加快。铜管和镀锌管中随着氯胺投加量的升高，氯胺衰减速率明显加快；随着出厂水的 pH 的提高，各管中氯胺衰减速率均减慢。氯胺相对于氯而言更能增加铜管中金属离子铜的溶出。提高出厂水 pH 至碱性条件是控制管网中氯胺浓度、保证管网水质稳定性的重要手段。

3）镀锌管中生成的消毒副产物（氯乙酸 HAAs 和三氯甲烷 THM）量最少，其次是铜管和不锈钢管。

4）五种管中镀锌管内水质异养菌 HPC 生长最为迅速，PE 管中的生长量也较高，铜离子具有强消毒能力，为此铜管水样未见 HPC 生长迹象。五种管中 HPC 的变化情况为：镀锌管＞PE 管＞不锈钢管＞PPR 管＞Cu 管。

5）铜管和 PE 管中 AOC 明显高于其他管，结合目前文献结论，铜管中 AOC 升高可能是因为铜离子的参与有机物反应从而使得更多有机物利于被微生物转化吸收，而PE 管则是由于微量有机物释放的作用。

第4章
含氯胺水输送过程三种干线管材对水质的影响

上一章探讨了户线管材中各水质变化规律，本章主要针对干管输送过程管材对水质影响进行研究。

4.1 新干管中水质变化规律

4.1.1 不同氯胺投加量下管中氯胺衰减动力学

不同初始浓度氯胺投加量下，各管中氯胺的衰减规律如图4-1所示。水样为北京市第九水厂出厂水，实验条件是：氯胺的初始投加量分别为 0.5 mg/L 和 1.1 mg/L；初始pH 为 7.6±0.1。可以看出三套管路中氯胺的衰减规律均为投加量越高，衰减速率越大；这与上一章户线管材结果一致。三套管路横向对比可以看出，无内衬镀锌管和含水泥砂浆内衬的球墨铸铁管中氯胺的衰减速率明显高于含内衬镀锌管。

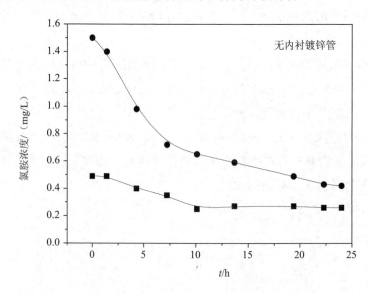

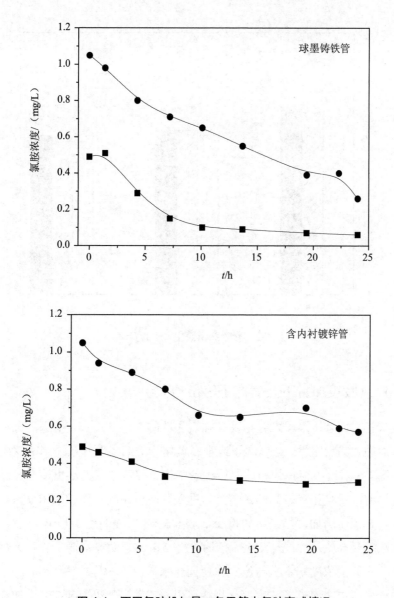

图 4-1　不同氯胺投加量，各干管中氯胺衰减情况

4.1.2　管路中 pH 的变化

初始氯胺投加量为 0.5 mg/L 时，三套管路中 pH 的变化如图 4-2 所示。由图可知，球墨铸铁管和含涂衬的镀锌管 pH 基本没有什么变化，初始水体的 pH 约 7.6，而无内衬镀锌管中水体的 pH 有一定升高。这主要是因为内衬为金属锌，当锌氧化溶进水体后导致了水体 pH 的升高。

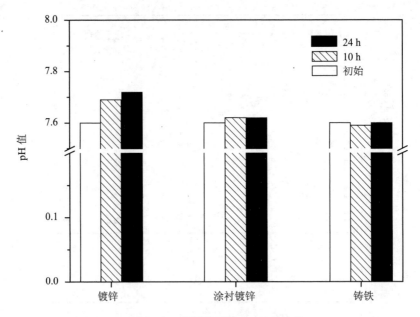

图 4-2　新管路系统中 pH 的变化

4.1.3　不同氯胺投加量下金属离子溶出动力学

对于金属管材而言，金属内壁与具有强氧化性的消毒剂反应，促进消毒剂的衰减从而降低了水质的生物稳定性，金属离子或金属氧化物的溶出及释放是影响饮用水水质的重要因素。图 4-3 对比了镀锌管和球墨铸铁管中铁、锌等金属的溶出情况。结果表明，镀锌管的金属溶出量是相对较高的。当提高进入管网体系的氯胺初始浓度时，金属离子的溶出量有一定幅度增加，当氯胺的投加量从 0.5 mg/L 提高到 1.1 mg/L 后，镀锌管中锌离子溶出浓度最高值从 2.4 mg/L 增加到了约 3.2 mg/L，而球墨铸铁管和涂衬镀锌管中金属离子（锌、铁）浓度基本上与原水保持同一水平。

通过系统模型中金属离子浓度变化规律可以看出，改变初始氯胺的投加量对球墨铸铁管、内衬镀锌管中金属离子溶出（锌、铁）基本没有影响，而对于镀锌管中锌离子溶出有一定影响，这主要是因为氯胺浓度的升高加快了氯胺与锌的氧化还原反应速率从而导致锌溶出加剧。同时涂衬镀锌管和铸铁管中金属离子浓度与实验原水相比基本没有变化，锌离子浓度约 0.3 mg/L，铁离子浓度约 0.045 mg/L，由于原水已经过一段镀锌管输送导致初始锌浓度背景较高（图 4-4）。

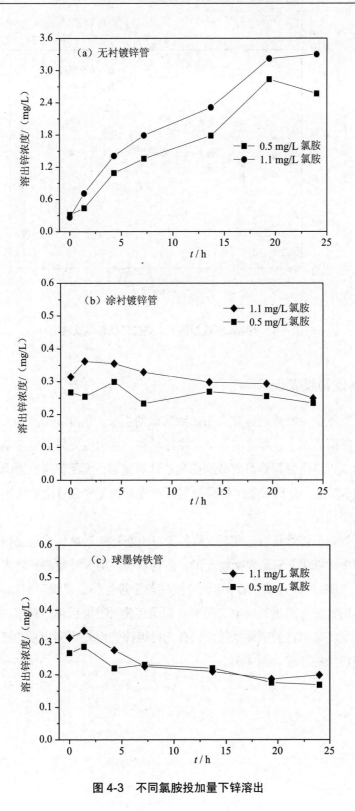

图 4-3　不同氯胺投加量下锌溶出

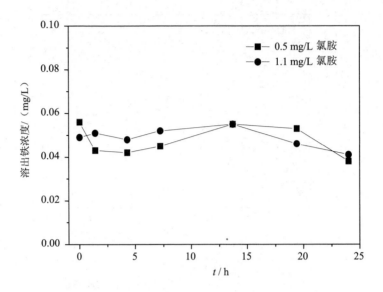

图 4-4　不同氯胺投加量下，球墨铸铁管中铁溶出

4.1.4　管壁生物膜表征

给水管网管壁上生物膜的存在会引起致病菌的生长，色度和浊度的升高，管道腐蚀的加剧，过水断面的缩小，爆管的发生，能耗增加，输水能力降低等水质问题。国内外均有报道在给水管道生物膜检测到致病菌和条件致病菌。因此管网生物膜的生长对饮用水的安全性构成威胁。分析管壁生物膜的主要组成有利于研究管壁生物膜对饮用水安全性影响及其控制措施。

待实验干管模型连续运行一年后，从各管路中间管路活结处采集生物膜样品进行分析。采集过程中，表观上管道内壁较光滑，生物量少。用灭过菌的药匙将生物膜样品刮入无菌的采样瓶中，样品冷藏保存，尽快送到实验室进行扫描电镜观察和菌种鉴定分析。将生物膜样品用传统方法进行固定、脱水、干燥及表面喷镀后进行观察。在扫描电镜下观察，并没有发现微生物的明显生长，只有无衬镀锌管中观测到少量的杆菌、分枝杆菌及一些细胞分泌物的存在（图 4-5）。

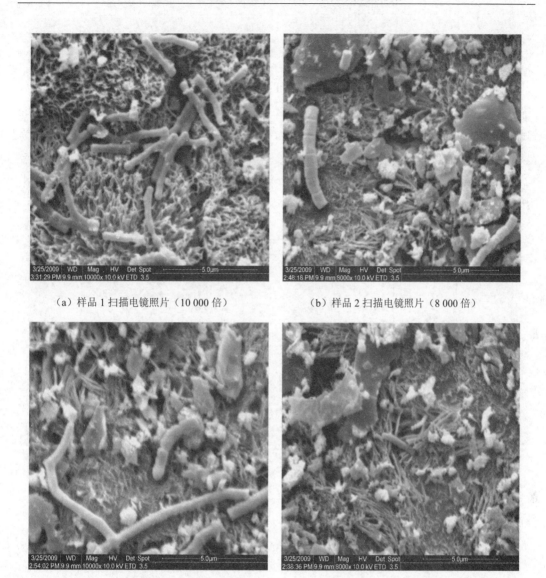

(a) 样品 1 扫描电镜照片 (10 000 倍)　　　　　(b) 样品 2 扫描电镜照片 (8 000 倍)

(c) 样品 2 扫描电镜照片 (10 000 倍)　　　　　(d) 样品 2 扫描电镜照片 (10 000 倍)

图 4-5　样品扫描电镜照片

4.2　旧管（管龄约 15 年）水质变化规律

管路模型参数：两套循环管路，管龄均为 15 年左右，粗管为无内衬铸铁管，内径为 80 mm，长 4.1 m；细管为镀锌钢管，内径 25 mm，长 7.9 m，旧管路实验主要考察不同管径及不同管龄条件下管网水质的变化规律，为了对管径的影响进行定量分析，故将细管和粗管的流速控制一致，均为 0.82 m/min。

4.2.1　不同氯胺投加量下旧管路中氯胺衰减动力学

旧管路系统中氯胺衰减迅速，主要是因为管道内壁严重腐蚀，氯胺能迅速与之反应，需要指出的是旧管路系统模拟模型所选用管材均为使用年限超过 15 年的镀锌钢管，经试验检测发现管道内部溶出金属离子主要为铁离子（锌涂衬已经完全消失，内壁主要为铁氧化物），而反映旧管路系统中水质变化的主要参数即为消毒剂浓度、铁离子浓度及金属氧化物的溶出，为此本研究主要跟踪氯胺的衰减动力学及铁离子的溶出变化规律来模拟研究一定使用年限输配水管中的水质变化情况。

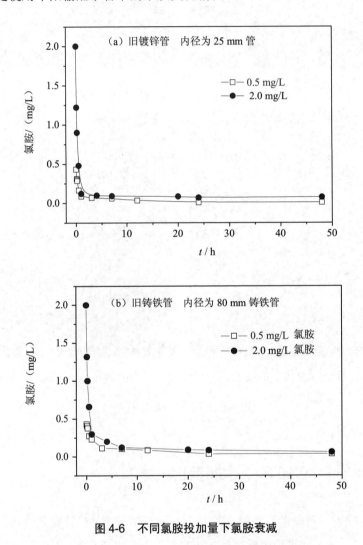

图 4-6　不同氯胺投加量下氯胺衰减

可以看出在反应起始 1 h 内，氯胺浓度迅速降低，两套旧管路系统中氯胺浓度均从初始的 2 mg/L 降到了 0.3 mg/L 以下，氯胺浓度的迅速降低也说明了氯胺与管壁反应程度剧烈，使得铁溶出加剧。

4.2.2　不同氯胺投加量下旧管路中金属离子溶出动力学

　　本组实验考察了两套旧管路系统中铁溶出规律，通过总铁溶出横向对比可以看出，①在 1.8 mg/L 和 0.5 mg/L 氯胺投加量情况下，管径为 25 mm 的镀锌钢管铁的溶出量均高于管径为 80 mm 的铸铁管，氯胺的初始浓度越高两管铁溶出差异越明显。这是因为管道越细水样与管道相对接触面越大从而导致了更多的铁与水体反应的缘故。②溶出铁最剧烈过程体现在反应起始 1 h 内，这主要是因为氯胺能迅速与铁反应使铁迅速释放的缘故。③当提高氯胺的投加量后，两套管中铁溶出均升高明显，镀锌钢管和铸铁管中铁溶出的最大值分别从 0.35 mg/L 提高到 1.1 mg/L 和 0.3 mg/L 提高到 0.7 mg/L（图 4-7，图 4-8）。

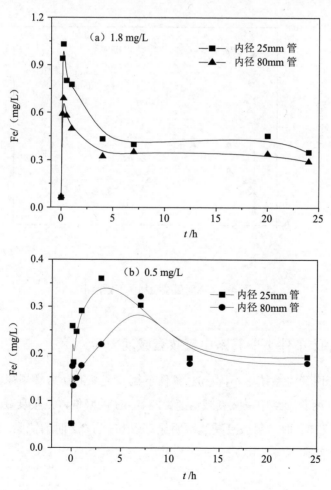

图 4-7　不同氯胺投加量下不同内径旧管道铁溶出对比

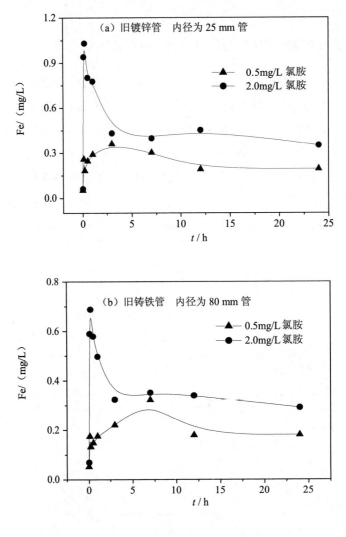

图 4-8　不同氯胺投加量下铁溶出

4.2.3　不同 pH 条件下旧管路中氯胺衰减动力学

考察了两套旧管路系统中不同 pH 条件下氯胺衰减的动力学规律，实验结果见图 4-9。可以看出，两套管路中氯胺衰减迅速，随着 pH 的降低，氯胺衰减速率有一定的升高，当水体 pH 为 6.3 时，氯胺衰减速率明显高于 pH 为 7.2 时的情况；pH 为 7.2 和 8.1 时氯胺衰减速率差异不大。

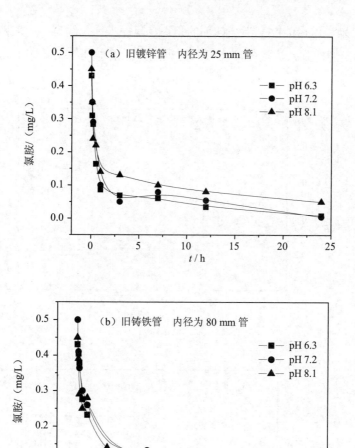

图 4-9　不同 pH 条件下氯胺衰减

4.2.4　不同 pH 条件下旧管路系统铁溶出动力学

图 4-10 显示，两套管路中铁溶出的规律均为先升高再降低的过程，水在模型中循环约 3 h 后溶出铁达到峰值，其中粗管略低于细管，同时，当 pH 从 8.1 降低到 7.2 时，铁溶出变化程度不大，当 pH 继续降低到 6.3 后，铁溶出量明显增加，结合氯胺衰减动力学的规律可以看出：氯胺的衰减情况与铁的溶出基本保持一致，说明 pH 越低氯胺与管道内壁反应越剧烈，所以提高水质的 pH 是防止管道腐蚀，控制管壁化学稳定性的重要手段。

从水质腐蚀性的角度进行控制，加碱提高出厂水的 pH，不仅能够降低水的腐蚀性，从某种意义上来说碱也能够充当缓蚀剂的角色,国外水厂已经有不少实践的案例。适当地提高 pH 不仅能控制铁、铅的溶出,同时也能降低消毒剂的衰减速率。

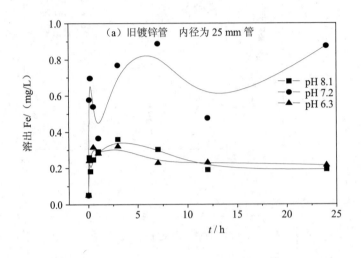

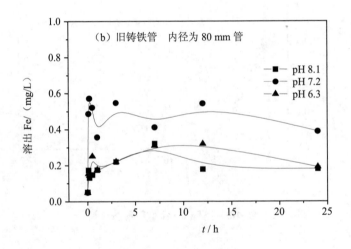

图 4-10　不同 pH 条件下铁溶出

4.2.5　旧管道系统中铁溶出物形态

铸铁管和镀锌钢管向水体释放的铁的形态为颗粒态和溶解态两种,而溶解态铁主要包括二价铁和三价铁,本实验对旧管路模型系统中溶出铁的形态作了定量考察。本组实验条件为:模型中水样在管路中停留 7 d 后,提取水样,对水样中铁的总量及形态立即进行了分析,实验结果见图 4-11。可以看出反应 7 d 后两根管路溶出铁总量差异不大,大致在 1.7 mg/L,但是铁的形态有明显差异细管中主要为溶解态铁,细管中颗粒态铁约

0.1 mg/L，而粗管中的颗粒态铁近 0.5 mg/L，另外溶解态铁主要是二价铁和三价铁，二价铁略低于三价铁。

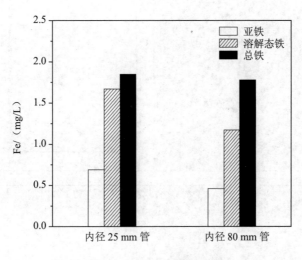

图 4-11　铁溶出物的形态

4.2.6　管内壁腐蚀结垢物表征（SEM、EDX、XRD）

铸铁管和镀锌钢管大量存在于我国给水管网中，北京市目前主要是这两种管材，而这两种管材易于腐蚀，腐蚀产物长时间在管内部沉积能形成管垢，管垢形成后不仅增加输水能耗，同时还能影响水质。当管道内壁腐蚀层稳定后，与管网水质反应并直接影响管网水质的实际上是管道内形成的管垢，为此对管道结垢物进行成分分析及物化性质的鉴定对管网水质的影响、管网水质的变化具有实际指导意义。

为了研究管垢物质的微观形貌及元素组成，进行了 SEM（扫描电子显微镜）、EDX（能量弥散 X 射线谱）和 XRD（X 射线衍射）分析，管垢样品包括外层与水直接接触部分及内层即黏附在管道最里层材质上的亚稳层。外层管垢比较致密，内层结构明显蓬松。图 4-12 和图 4-13 分别为表层和内层管垢的形貌及元素分析图，通过 SEM 放大 500 倍可以看出外层垢明显致密且晶形完好，而内层垢则明显为疏松多孔结构；通过 EDX 的分析可以看出管垢成分主要是 C、O、Fe、Al、Si、P、Ca 等元素。管垢层粉末样品 XRD 晶形检测结果见图 4-14，可以看出表层管垢中主要为碳酸钙、三氧化二铁及羟基氧化铁等完整的晶体；内层主要有碳酸亚铁。

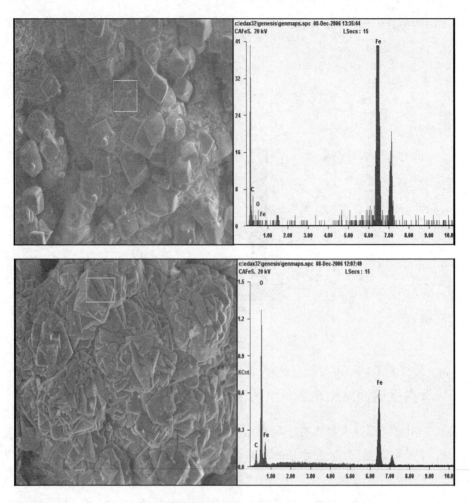

图 4-12　镀锌钢管表层垢形貌及元素分析（放大 500 倍）

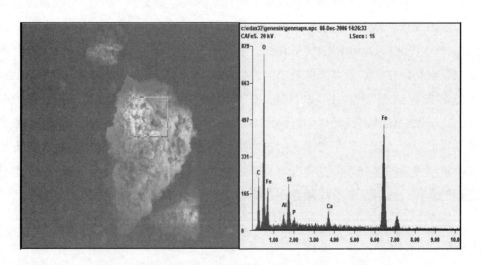

图 4-13　镀锌钢管内层垢形貌及元素分析（放大 500 倍）

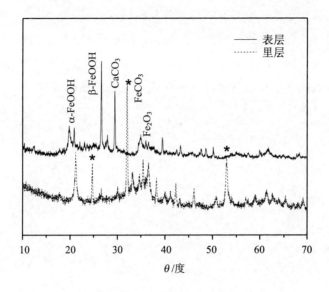

图 4-14　管垢 XRD 分析

本章小结

本章模拟了含氯胺饮用水在干管输配过程的水质变化规律。全面考察了各种因素的影响。管材因素包括：管材种类、管材尺寸、管材使用年限；水质因素主要包括：溶液 pH 和不同初始氯胺浓度，通过实验得到了如下结论：

1）不同初始浓度氯胺投加量下，三套管路中氯胺的衰减规律均为初始投加量越高，衰减速率越大；这与上一章户线管材结果一致。无内衬镀锌管和水泥砂浆内衬的球墨铸铁管中氯胺的衰减速率明显高于含内衬镀锌管。

2）三套新干管管材的实验表明，主要是无内衬镀锌管溶出金属离子，当提高进入管网体系的氯胺初始浓度时，金属离子的溶出量有一定幅度增加，当氯胺的投加量从 0.5 mg/L 提高到 1.1 mg/L 后，镀锌管中锌离子溶出浓度最高值从 2.4 mg/L 增加到了约 3.2 mg/L，而球墨铸铁管和涂衬镀锌管中金属离子（锌、铁）浓度基本上与原水保持同一水平。

3）新管材实验系统运行 1 年后，管材内壁光滑，生物量少。通过 SEM 分析，只有无衬镀锌管中观测到少量的杆菌、分枝杆菌及一些细胞分泌物的存在。

4）旧镀锌管和铸铁管路中氯胺衰减迅速，主要是因为管道内壁腐蚀严重从而导致氯胺能迅速与管壁发生反应。管径为 25 mm 的镀锌钢管铁的溶出量均高于管径为 80 mm 的铸铁管，氯胺的初始浓度越高两管铁溶出差异越明显。这是因为管材越细水样与管材相对接触面越大从而导致了更多的铁与水体反应的缘故。

5）对旧管材内、外层垢分别进行了 SEM、EDX 和 XRD 的分析测量，外层管垢致密而内层结构蓬松。管垢的主要成分是 C、O、Fe、Al、Si、P、Ca 等元素。管垢主要由碳酸亚铁、三氧化二铁及伽马型羟基氧化铁等完整的晶体组成。

第 5 章
溶出金属离子对氯胺的分解作用

如前所述，管网水系中氯胺分解的主要原因是自身的分解及其与有机物、管壁发生氧化反应所致。值得指出的是，研究发现氯胺的分解速率同时还受金属离子等因素影响。第 1 章已经探讨了铁离子及氧化物对氯胺的分解有一定的促进作用。同时铜离子能促进次氯酸钠的降解。针对铜配水管网中铜对氯胺的影响，基本结论是铜与氯胺发生氧化还原反应，致使氯胺衰减加快，而铜离子对氯胺的降解过程是否有影响还未见报道，已有研究表明铜离子的存在能提高氯与腐殖酸反应生成氯仿的速率，因此本章着重研究金属管道溶出金属离子对氯胺衰减及氯胺化过程的影响。

5.1 实验材料及方法

本实验所用的氯胺溶液均用氯胺储备液稀释得到，储备液中氯/氮的摩尔比控制在 0.7。溶液的 pH 分别用氢氧化钠和硫酸进行调节，摇瓶实验均用磷酸盐（7 mmol/L K_2PO_4）作为缓冲剂。用双蒸水（电阻率＞18 MΩ/cm）配制溶液；两种实验用水分别采自北京第九水厂和上海杨树浦水厂的二次加氯前出水。所有玻璃器皿使用之前必须用 5 000 mg/L 的氯洗液浸泡至少 1 d，然后再用超纯水冲洗，105℃烘干待用。所有试剂均是分析纯级别，铜离子和锌离子分别以 $CuSO_4 \cdot 5H_2O$ 和 $ZnSO_4$ 形式进行投加。

在配制所需氯胺溶液过程中，加适量的氯胺储备液，待溶液稳定 20 min 之后才能进行实验。氯胺的浓度用 DPD（余氯总氮测试剂）比色法进行测定。氯胺的衰减动力学实验用一系列 250 mL 具塞锥形瓶进行，瓶子外壁用铝箔包裹，防止光照对其影响。反应物依次以磷酸盐缓冲，氯胺母液，金属离子（如果需要）的顺序进行投加。溶液配制好后，所有的锥形瓶放置到恒温摇床进行反应，温度控制在 25℃±1℃。

（1）一价铜离子的固相提取（SPE）方法：参照 Moffett 等的方法[157, 158]，浴铜灵（2,9-二甲基-4,7-二苯基-1,10-菲绕啉）作为 Cu（Ⅰ）的螯合剂，乙二胺用来掩蔽 Cu（Ⅱ）。配制 1 L 浴铜灵/乙二胺/硼酸（BEB）溶液，各组分的浓度依次是：浴铜灵（分析纯）1 μmol/L；

乙二胺（分析纯）1 μmol/L；硼酸（优级纯）10 mmol/L。将 1 L 含有铜离子的氯胺溶液与等量 1 L 的 BEB 溶液进行混合，得到的混合溶液放置蔽光处稳定 3 h，从而保证亚铜离子与浴铜灵充分反应。然后将溶液用 C18 柱进行固相萃取。当柱子上留下一条橙黄色的吸收线就初步说明亚铜离子已经被固定[156]。

（2）一价铜离子的表征：将 C18 柱子上的橙色带物质用刀片取下来，冷冻干燥后，采用英国 VG 公司 ESCA-Lab-220i-XL 型 X 射线光电子能谱仪对样品进行分析。

（3）自由基中间产物的测定：采用电子自旋共振（ESR）光谱仪测定反应中产生的自由基中间产物，测试仪器为 Bruker ESP 300E ESR Spectroscopy。所采用的捕获剂为 5,5-dimethyl-1-pyrroline-N-oxide（DMPO），用量为 50 mmol/L。将氯胺、Cu^{2+} 和 DMPO 混合，然后迅速取 25 μL 样品溶液转移至石英玻璃试管中，在仪器的 X-波段记录下 ESR 信号。仪器测试条件：中心磁场，扫描宽度 80 G（高斯）（1 G=10^{-4}T），微波能量 39.9 mW，调制幅度 0.5 G，调制频率 100 kHz，接收器增益 $2.5×10^5$。

5.2 实验结果及讨论

5.2.1 铜离子对实际水中氯胺衰减的影响

首先考察实际水体中含有铜离子情况下是否会对氯胺的分解产生影响。该实验用北京和上海的实际水进行，铜离子的投加量是 1 mg/L。水样的基本参数见表 5-1。铜离子的投加对氯胺的衰减率用如下式表示：

$$f = \frac{\Delta NH_2Cl^b - \Delta NH_2Cl^a}{[NH_2Cl]_0} \times 100\% \qquad (5-1)$$

式中，ΔNH_2Cl^a 和 ΔNH_2Cl^b 分别代表的是没有铜离子和铜离子存在情况下氯胺的衰减量，$[NH_2Cl]_0$ 是氯胺的初始浓度。可以看出 1 mg/L 铜离子对上海和北京水中氯胺衰减率的影响 f 分别达到了 12%～13% 和 10%～11%。所以当水体中存在铜离子时，氯胺的稳定性确实会受到严重影响。为了提高其消毒的有效性，应控制原水中铜离子的浓度。

表 5-1 铜离子对实际水中氯胺衰减的影响

水样	上海	北京
pH	6.85	7.03
TOC/（mg/L）	4.51	1.83
Ammonia/（mg/L）	1.22	0.2
$CaCO_3$ 碱度/（mg/L）	107	175
$[NH_2Cl]_0$/（mmol/L）	0.023 9	0.013 2

水样	上海		北京	
时间/d	1	3	1	3
ΔNH_2Cl^a（无 Cu^{2+}）/（mmol/L）	0.004 1	0.012	0.003 4	0.006 3
ΔNH_2Cl^b（Cu^{2+}）/（1.0 mg/L）	0.007	0.015	0.004 6	0.007 7
$\dfrac{\Delta NH_2Cl^b - \Delta NH_2Cl^a}{[NH_2Cl]_0}\times 100$ (%)	12%	13%	10%	11%

5.2.2 铜离子及氯胺初始浓度对氯胺衰减速率的影响

考察了铜离子的初始浓度对氯胺衰减的影响，氯胺的初始浓度控制在 0.042 mmol/L。溶液 pH 控制在 6.5。铜离子的浓度依次从 0.01 mg/L 提高到 5 mg/L。实验结果见图 5-1，可以看出：0.01 mg/L 的铜离子对氯胺的衰减只有少量的贡献，当铜离子浓度提高到 0.1 mg/L 时，氯胺的衰减速率明显加快。而且铜离子对氯胺的促进作用在反应 3 h 内就能明显观察到。当铜离子浓度提高到 1 mg/L 后，铜离子对氯胺的衰减促进作用达到饱和。结果表明低浓度铜离子对氯胺的衰减有一定均相催化作用。

同时也考察了不同初始氯胺浓度对铜离子催化作用的影响。铜离子的初始浓度为 1.0 mg/L；pH 同样控制在 6.5；氯胺的初始浓度分别配制到 0.011～0.045 mmol/L（即 0.71～3.55 mg/L Cl_2），这个浓度模拟了实际饮用水消毒过程中的投加量。结果见图 5-2，可以看到铜离子促进了氯胺的衰减，随着氯胺初始浓度的增加，这种催化促进作用越发明显。

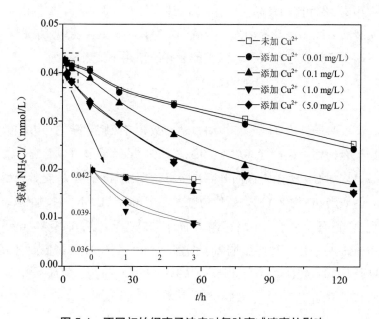

图 5-1 不同初始铜离子浓度对氯胺衰减速率的影响

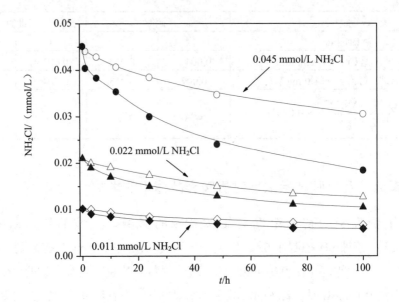

图 5-2　不同初始氯胺浓度对铜离子催化氯胺分解过程的影响

5.2.3　初始 pH 对催化效果的影响

溶液 pH 对铜离子的催化作用的影响在 1.0 mg/L 的铜离子投加量下进行考察，氯胺的投加量定为 0.042~0.05 mmol/L，pH 的考察范围设定为 5.0~8.0。通过图 5-3 可以看出：①氯胺的衰减速率随着 pH 的降低而加快；②铜离子对氯胺的衰减具有催化促进作用，这种催化作用随着 pH 的升高而降低。当 pH 升高到 8.0 后，催化作用消失。Valentine 等研究提出氯胺的衰减满足二级动力学模式[101, 105]，为了更直观地反映铜离子对氯胺衰减的作用，用动力学指数进行表征。氯胺的衰减速率用下式表示：

$$-\frac{\mathrm{d}[\mathrm{NH_2Cl}]}{\mathrm{d}t} = k_d[\mathrm{NH_2Cl}]^2 \tag{5-2}$$

式中，k_d 表示的是氯胺衰减的二级动力学常数。将氯胺衰减的动力学数据进行了二级拟合，数据拟合的相关性很好（$R^2 > 0.98$），见图 5-4，明显可以看出，①不管铜离子是否存在，k_d 值均随着 pH 的降低而升高；②pH 越低铜离子对 k_d 的影响越明显，即催化作用越强。例如当 pH 为 8.0 时，k_d 值为 0.06×10^3 mol/（L·h），投加铜离子后 k_d 基本没有变化；但是当 pH 降低到 6.1 后，铜离子的投加使得 k_d 从 0.15×10^3 mol/（L·h）提高到 0.33×10^3 mol/（L·h）。很明显铜离子的催化作用随着 pH 的降低而升高。需要指出的是当 pH 降到更低后（pH < 5.0），因为一氯胺会大量转化为二氯胺[101]，同时实际水的 pH 不会这么低，因此这种情况本研究不作考察。此外本实验所用的磷酸盐缓冲剂（7 mmol/L）对氯胺的影响也可以忽略[101]。

　　水体中铜离子的形态与溶液 pH 密切相关，结合铜离子化学常数和我们实验条件的考虑，不同 pH 条件下的铜离子形态依次为：当 pH＜5.5 时主要形态为 Cu^{2+}；当 5.5＜pH＜7.2 时，主要形态是 Cu^{2+} 和 $CuOH^+$；当 pH＞7.4 时，主要形态是 $Cu(OH)_2$。随着 pH 的降低，铜离子浓度逐渐增加，因此可以推测氯胺的衰减主要是因为铜离子的作用。

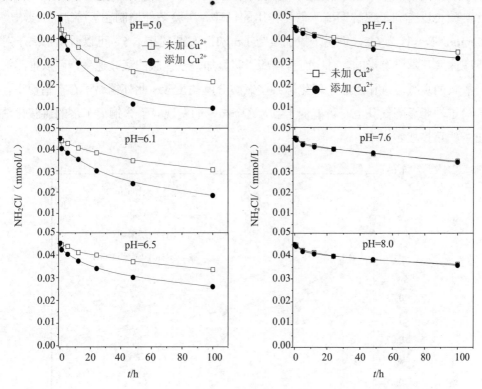

图 5-3　不同 pH 条件下，铜离子对氯胺衰减速率的影响

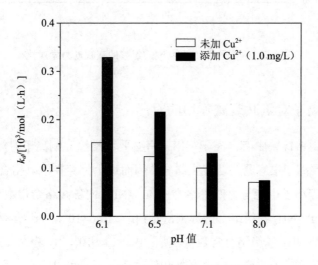

图 5-4　不同 pH 条件下的动力学常数

5.2.4 铜离子存在条件下氯/氯胺的衰减对比

由于氯胺水解产生氯和氨，即氯胺体系中肯定会存在氯形态，因此如果铜离子对氯的衰减也有促进作用的话，势必造成氯胺衰减的加快。所以铜离子对氯/氯胺衰减作用的对比实验可以有利于理解铜离子催化作用的机理。实验条件控制在氯/氯胺初始浓度为 0.05 mmol/L，pH 为 6.2，铜离子投加量为 1 mg/L，结果见图 5-5。可以看出铜离子对氯的衰减速率基本没有影响，对比而言铜离子明显加快了氯胺的衰减速率，可以推测铜离子对氯胺的衰减促进作用在于催化了某些氯胺分解的反应。此外铜离子存在情况下，氯胺的稳定性明显降低甚至有可能低于氯，这个结论的发现对于含铜离子水的氯胺化消毒提出了严重挑战。

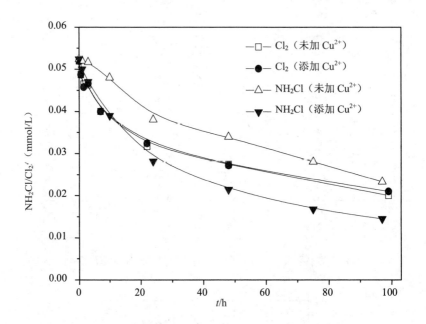

图 5-5　铜离子存在条件下氯/氯胺的衰减动力学对比

5.2.5 铜/锌离子对氯胺衰减作用的对比

由于实验所用镀锌管中有锌离子溶出，有必要考察锌、铜离子对氯胺衰减的对比。同时，我们知道铜离子很容易与氨发生络合，因而理论上存在铜氨络合作用影响氯胺水解的可能。由于锌离子也能与氨发生络合，Cu^{2+}-NH_3 的各级络合常数分别是 Zn^{2+}-NH_3 常数的 100 倍（Zn^{2+}-NH_3 各级络合常数依次是：$\beta_1 = 1.86 \times 10^2$，$\beta_2 = 4.1 \times 10^4$，$\beta_3 = 1.0 \times 10^7$，$\beta_4 = 1.1 \times 10^9$；$Cu^{2+}$-$NH_3$ 各级络合常数依次是：$\beta_1 = 1.4 \times 10^4$，$\beta_2 = 4.2 \times 10^7$，$\beta_3 = 3.0 \times 10^{10}$，$\beta_4 = 3.9 \times 10^{12}$）。当锌离子浓度是铜浓度 100 倍的情况下，可以络合等量的氨。因此可以

通过 100 倍于铜离子浓度的锌离子投加实验对比考察铜氨络合对氯胺衰减的影响。

图 5-6 给出了 0.1 mg/L 的铜离子与 0.1 mg/L、10 mg/L 锌离子对氯胺衰减的对比结果。氯胺的初始投加量为 0.35 mmol/L，pH 为 6.3，可以看出锌离子对氯胺的衰减没有促进作用，进而说明铜氨的络合作用对氯胺衰减没有贡献。

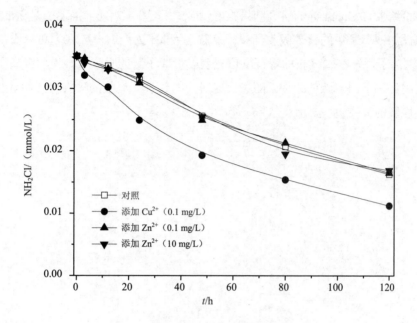

图 5-6　铜/锌离子对氯胺的衰减动力学对比

5.2.6　催化机理的分析

5.2.6.1　铜离子对氯胺形态转化的作用

铜离子是否因为促进了氯胺形态的转化从而促进了氯胺的衰减？由于不同形态活性氯在紫外条件下均有吸收，因此可以用紫外直观进行分析。不同形态活性氯的紫外特征吸收值见表 5-2[159, 160]。一氯胺和二氯胺在 245 nm 和 294 nm 处分别有一个特征吸收峰。

表 5-2　不同形态活性氯的紫外特征吸收峰

化合物	OCl^-	HClO	NH_2Cl	$NHCl_2$	NCl_3
λ/nm	292	235[a]，294	245[a]，294，278	203[a]，294[a]	220[a]，336[a]

注：a 数字代表在此波长下有吸收峰。

图 5-7（a）给出了 pH 由 7.3～3.5 范围内紫外吸收的变化，氯胺的初始浓度为 1 mmol/L，用硫酸进行 pH 调解，调解 pH、UV 测定等操作保证在 5 min 之内完成。可以看出：随着 pH 的降低 245 nm 处的吸收峰明显衰减；294 nm 处形成了新的吸收峰，并且其吸收峰强度随 pH 降低逐渐增强。说明随着 pH 的降低，一氯胺迅速转化成了二氯胺。实验结果与 Qiang 等的研究结果很好吻合[161]。图 5-7（b）描述的是 1 mmol/L 氯胺溶液中投加铜离子后的紫外吸收结果。氯胺溶液的初始 pH 是 6.0，可以看出投加了 10 mg/L 铜离子后，在二氯胺的特征峰位置明显形成了新的吸收峰，说明铜离子类似于质子酸作用促进了二氯胺的生成。随着反应时间的延长二氯胺的吸收峰开始减弱，直观反映了二氯胺的衰减过程。

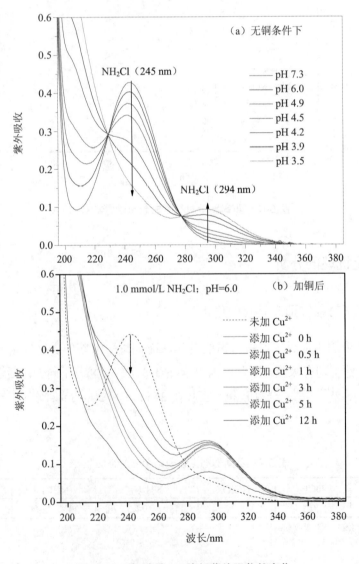

图 5-7　一氯胺随 pH 降低紫外吸收的变化

第 1 章已经探讨了氯胺的形态从一氯胺转化为二氯胺的反应是酸催化过程。二氯胺形成后，经过一系列的氧化和自我氧化反应使得氯胺分解。氯胺分解反应的体系比较复杂，其总分解反应速率受一氯胺转化为二氯胺的反应速率所控制。反应途径如下：

$$NH_2Cl+H^+(or\ HA) \rightleftharpoons NH_3Cl^++(A^-) \tag{5-3}$$

$$NH_3Cl^+ + NH_2Cl \longrightarrow NHCl_2+NH_3+H^+ \tag{5-4}$$

$$NH_2Cl+NHCl_2 \longrightarrow N_2+3Cl^- +3H^+(fast) \tag{5-5}$$

二氯胺形成的反应与溶液 pH、温度和碱度等参数相关[102, 110]。Snyder 等的研究认为，酸性溶液中，由一氯胺转化为二氯胺形态的过程伴随着质子氢（H^+）和氯正离子（Cl^+）的转移[162,163]。反应过程中未质子化的氯胺亲核进攻另一个质子化后的氯胺后释放出氨，从而形成了二氯胺（见反应式 5-4）。该步反应是整个氯胺衰减的控速步骤，通过前面的讨论可以推测铜离子是因为加速了反应式 5-4 从而加快了氯胺的衰减。由于铜离子作为路易斯酸时可充当强酸，同时又具有半径小，含空电子轨道的特点，铜离子具有很强的络合能力。能与很多有机、无机物产生络合反应。所以可以推测铜离子与质子氢一样，与一氯胺发生了络合从而促进了氯胺形态的转化从而加快了氯胺的分解。

5.2.6.2　铜离子形态转化

很明显铜离子对氯胺的衰减具有均相催化作用。一般来说铜离子的催化作用基于两方面作用：①络合催化，与某些功能基团发生络合从而促进反应加快；②发生氧化还原反应，产生了电子转移从而降低了反应活化能。本研究用固相萃取结合 XPS 扫描相结合的方法有效地定性分析了溶液中的一价铜离子。结果见图 5-8，反应中亚铜离子的存在证实了氯胺-铜体系中存在电子转移过程。

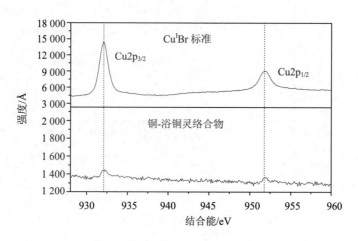

注：Å（埃）为波长单位，1Å=10^{-10} m。

图 5-8　铜-浴铜灵螯合物的 XPS 扫描

5.2.6.3 自由基中间产物（·OH 和 ·NH₂）的测定

可以推测，二价铜转化成一价铜的过程势必造成氯胺也产生了电子转移。Johnson 等的研究发现，氯胺溶液中电子转移过程会导致自由基（如·OH 和·NH₂），水合电子及其他中间产物的生成[121]。这些中间产物与氯胺的反应已经被大量研究[120, 121, 164]。一氯胺能够与水合电子快速进行单电子转移反应从而生成·NH₂；一氯胺也能够同生成·NH₂ 和·NHCl。此外，生成的·NH₂ 和·NHCl 又能发生自由基间的反应。反应如下：

$$NH_2Cl + e_{aq}^- \longrightarrow \cdot NH_2 + Cl^- \tag{5-6}$$

$$NH_2Cl + \cdot OH \longrightarrow \cdot NH_2 + HClO \tag{5-7}$$

$$NH_2Cl + \cdot OH \rightleftharpoons \cdot NHCl + H_2O \tag{5-8}$$

因此本实验用 ESR 详细地分析了氯胺-铜离子反应体系中的自由基中间产物。实验条件是：氯胺/氯的浓度为 0.9 mmol，pH 为 6.0，铜离子为 0.9 mmol。图 5-9 显示：（a）当没有铜离子加入情况下，氯胺溶液中没有检测到任何自由基信号；（b）当铜离子投加后，自由基信号强烈产生，而且明显包含有羟基自由基（·OH）的特征信号（1：2：2：1）[165]；（c）当反应 40 min 后，只检测到·OH 信号；（d）相同浓度的氯-铜离子体系中也检测到了·OH 的信号，但氯铜体系中产生的·OH 信号强度明显低于氯胺铜体系。有研究指出次氯酸能与金属离子等反应产生羟基自由基[166, 167]。

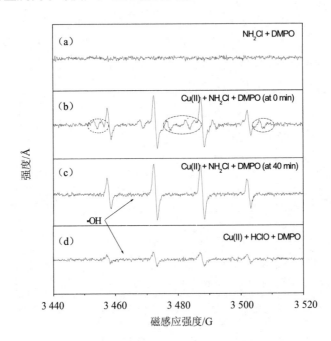

注：G（高斯），法定计量单位 T（特斯拉），1G=10⁻⁴T=10⁻⁴kg/（A·S²）。

图 5-9　不同条件下的 ESR 扫描结果

·OH 能与氯胺反应生成氨基自由基（·NH₂），为了确认图 5-9（b）中是否包含有氨基自由基的信号。如前所述，首先在 0.9 mmol Fe（II）+ 0.9 mmol NH₂Cl 反应体系中采集 ·NH₂ 的标准信号[107][图 5-10（a）]，然后将图 5-9（b）中的 ·OH 信号用图 5-9（c）提取掉，得到的自由基信号用图 5-10（b）表示，通过与标准的 ·NH₂ 信号对比可知，图 5-10（b）确实是 ·NH₂ 信号。

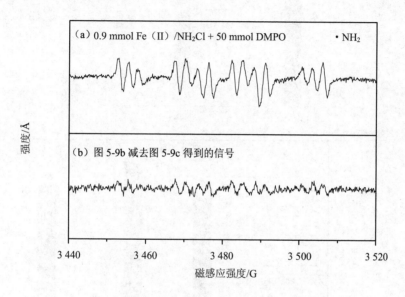

图 5-10　氨基自由基（·NH₂）的验证

5.2.6.4　溶液 pH 及铜离子浓度对自由基产生的影响

上述实验已经验证了氯胺与铜离子反应体系中产生了 ·NH₂ 和 ·OH，为了进一步研究 pH 对 ·OH 产量的影响，调节氯胺溶液的 pH（5.8~7.9），铜投加量为 0.1 mmol，氯胺的浓度仍然控制在 0.9 mmol。结果见图 5-11（a），可以看出随着 pH 的升高，·NH₂ 和 ·OH 的产量逐渐降低，这一现象与铜离子催化氯胺衰减的宏观动力学结果一致。

图 5-11（b）给出的是不同铜离子投加量对 ·NH₂ 和 ·OH 产生的影响，将氯胺的浓度控制在 0.9 mmol，改变铜离子的浓度使得 Cu（II）/NH₂Cl 的摩尔比从 0.1 依次变到 1.5。可以看出自由基的生成量随着摩尔比的升高而增大，当 Cu（II）/NH₂Cl 的摩尔比达到 1.0 时，其自由基的生成量达到最大值，当 Cu（II）/NH₂Cl 的摩尔比继续升高时，自由基的产量开始降低。

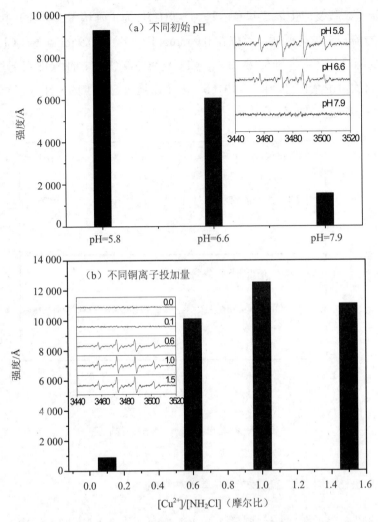

图 5-11　不同条件下的 ESR 扫描结果

5.2.6.5　自由基产生对氯胺分解的作用

为了研究自由基生成在铜离子催化氯胺分解过程中的作用，我们用自由基捕获实验对其进行考察。叔丁醇是公认的自由基捕获剂，它能迅速地与自由基反应从而终止自由基的进一步的反应[168]。图 5-12 表示的是加入叔丁醇后，铜催化氯胺衰减动力学产生的影响，实验条件是：氯胺初始浓度 0.5 mmol，铜离子投加量 10 mg/L，pH = 6.0，叔丁醇 5 mmol。图中显示，①没有铜离子存在情况下，氯胺在 48 h 衰减了 50%左右，而叔丁醇的加入对其衰减没有影响，说明叔丁醇稳定，此条件下不与氯胺发生反应；②铜离子投加后，氯胺的衰减明显加快，叔丁醇加入后因为捕获了自由基从而对氯胺的衰减速率有所延缓，但氯胺的衰减速率仍然明显高于没有铜离子投加下的衰减速率，加入叔丁醇使得 48 h 氯胺的衰减量从 85%降低到 77%。从图中还可以看出反应约 10 h 后所有曲线基本保持平行了，说明催化反应主要发生在反应的早期阶段。同时，铜离子对氯胺分解的直接催化作用（络合催化）要大于产生自由基的间接催化作用。

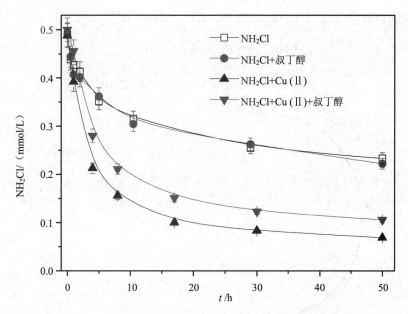

图 5-12　叔丁醇对有无铜离子投加情况下氯胺衰减的影响

5.2.6.6　催化机理

通过以上实验结果，铜离子催化氯胺衰减的机理由两方面组成：①铜离子与氯胺的络合作用所产生的直接催化；②铜离子导致氯胺溶液中产生自由基，由自由基所引发的间接催化。催化反应的示意图用图 5-13 表示。

直接催化类似于质子酸催化氯胺分解的过程，铜离子的络合作用促进了氯胺的形态转化，二氯胺形成后再与一氯胺很快发生氧化还原反应生成产物 N_2，Cl^-，NH_3 和 H^+ 等。

此外，铜离子的投加导致的羟基、氨基自由基对氯胺的衰减也有一定的贡献，但自由基反应产生的催化作用要明显低于铜离子络合产生的直接催化作用。铜离子参与的自由基反应过程如下：

$$Cu^{2+} + NH_2Cl \longrightarrow [Cu^{II}NH_2Cl]^{2+}（complex）\qquad （5\text{-}9）$$

$$[Cu^{II}NH_2Cl]^{2+} + NH_2Cl \longrightarrow NHCl_2 + NH_3 + Cu^{2+}\qquad （5\text{-}10）$$

$$[Cu^{II}NH_2Cl]^{2+} \longrightarrow Cu^+ + \cdot NHCl + H^+\qquad （5\text{-}11）$$

$$Cu^+ + NH_2Cl \longrightarrow Cu^{2+} + \cdot NH_2 + Cl^-\qquad （5\text{-}12）$$

首先铜离子与氯胺的络合促进了二氯胺的生成（式 5-10），从而加快了氯胺的分解；

其次，氯胺-铜络合体的分解又能产生 Cu^+ 和 $\cdot NHCl$（式 5-11），Cu^+ 随即被 NH_2Cl 氧化生成了 $\cdot NH_2$（式 5-12）；同时 $\cdot NHCl$ 迅速水解能生成 $\cdot OH$（式 5-8）。而 $\cdot NH_2$ 也能由 $\cdot OH$ 与一氯胺反应生成（式 5-7），$\cdot NH_2$ 生成之后能迅速结合反应生成阱（式 5-13）[169]，阱也能迅速氧化氯胺生成 N_2，Cl^-，NH_3 和 H^+ 等（式 5-14）[119, 170]。

$$\cdot NH_2 + \cdot NH_2 \longrightarrow N_2H_4 \qquad (5\text{-}13)$$

$$N_2H_4 + 2NH_2Cl \longrightarrow N_2 + 2NH_4^+ + 2Cl^- \qquad (5\text{-}14)$$

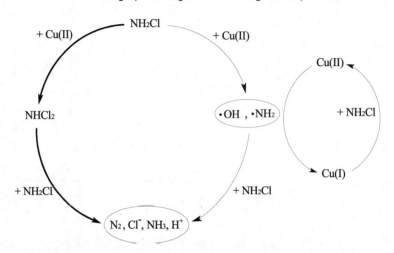

图 5-13　铜离子催化氯胺分解的机理图

本章小结

对比研究了金属管道溶出的金属离子铜、锌对氯胺衰减的影响，发现铜离子对氯胺的衰减具有催化促进作用。分别用北京第九水厂和上海杨树浦水厂的出厂水进行研究，发现实际水中铜离子的存在确实能加快氯胺的分解。系统地研究了 pH、铜/氯胺浓度等因素对催化效果的影响，催化效果随着氯胺和铜离子初始浓度的增加而加强；随着溶液 pH 的降低而增强。

深入研究了铜离子的催化机理，铜离子催化氯胺衰减的机理由两方面组成：①铜离子与氯胺的络合作用所产生的直接催化；②铜离子导致氯胺溶液中产生自由基，由自由基所引发的间接催化。直接催化类似于质子酸催化氯胺分解的过程，铜离子的络合作用促进了氯胺的形态转化，二氯胺形成后再与一氯胺很快发生氧化还原反应生成产物 N_2，Cl^-，NH_3 和 H^+ 等。此外，铜离子的投加导致的羟基、氨基自由基对氯胺的衰减也有一定的贡献，但自由基反应产生的催化作用要明显低于铜离子络合产生的直接催化作用。

第 6 章
溶出金属离子对氯/氯胺消毒副产物的影响

上一章讨论了不同溶出的金属离子对氯胺衰减的影响，但金属离子（铜、锌）及氧化物对氯化和氯胺化反应过程中消毒副产物的生成是否也有影响尚不清楚。第 3 章已经模拟了各管中消毒副产物的生产情况，发现生成量差异明显，而第 1 章综述中已经提到，管中不同形态金属氧化物对消毒副产物生成的影响实质是溶出金属离子对消毒副产物生成过程的均相催化作用。因此，本章考察了金属离子对消毒副产物的作用，旨在阐明净水生产及管网输配过程中金属离子影响消毒副产物生成的作用机理，为有效控制消毒副产物的生成提供依据。

6.1 材料与方法

6.1.1 药品和玻璃器皿

模拟天然有机物（NOM）所用的腐殖酸（HA）购自天津化学试剂开发中心。将适量 HA 样品在碱性条件下溶解（pH12.0）后，用 0.45 μm 滤膜过滤，滤后液即为 HA 储备液。其浓度用分析仪 multi N/C 3000 TOC（Analytikjna）测定。

9 种有机模型物由 6 个芳香类化合物和 3 个非芳香类化合物组成。其中，邻苯二酚（99%），2,6-二羟基苯甲酸（98%），3,5-二羟基苯甲酸（97%），2-甲基间苯酚（98%）购自 Aldrich 公司；间苯酚（99%）、水杨酸（99%）、丙二酸（98%）、氨基乙酸（分析醇）和柠檬酸（99.8%）购自北京化学试剂公司。

三卤甲烷的标样均从国家标准物质中心（NRCCRM），并用去离子水配成标准溶液。DCAA、TCAA 纯品的纯度＞99%，均为比利时 Acros Organics 公司的产品。

由于消毒副产物的含量很低，实验操作中对玻璃器皿的清洗工作要求严格。样品瓶的清洗：先用洗涤剂清洗后，分别用自来水和去离子水各冲洗至少 3 遍，在马弗炉中 500℃加热 4 h。带刻度玻璃器具的清洗：先用洗涤剂清洗后，再用自来水冲洗干净后室温下晾干，用洗液浸泡至少 30 min 后，分别用自来水和去离子水各冲洗 3 遍后，室温下晾干。

6.1.2 消毒副产物的测定

三卤甲烷、卤乙酸的浓度分别采用 USEPA 552.1（USEPA，1990）和 USEPA552.3（USEPA，2003）方法测定。仪器均采用气相色谱（Agilent 6890N Series，Japan），毛细管柱：HP-5（30 m×0.32 mm×0.25 μm）。升温程序分别为：①三卤甲烷：35℃保持 4 min，10℃/min 到 100℃保持 3 min；②卤乙酸：35℃保持 4 min，2℃/min 到 65℃。进样口温度：250℃；数据采集、分析使用 Agilent Chem Station。

6.1.3 氯化和氯胺化过程

金属离子对氯化和氯胺化过程中消毒副产物生成影响的实验用 3 L 的玻璃瓶反应器进行考察。温度控制在室温（25℃）。反应器外壁用铝箔密封避光，所有反应溶液均用 10 mmol 磷酸盐进行缓冲，pH 用硫酸和氢氧化钠进行条件。反应试剂投加顺序：有机物、缓冲液、金属离子（如需投加）和氯/氯胺。然后磁力搅拌，由下端采样口进行水样采集，取样后立即加入 $Na_2S_2O_3$ 消除残余活性氯。

6.2 实验结果与讨论

6.2.1 金属离子（铜、锌）对生成氯代消毒副产物的影响

选取自配水进行实验，用腐殖酸模拟水体有机物，使配制水样 TOC 保持在与市政自来水相近程度，约 5 mg/L；水样系统中消毒剂按次氯酸钠溶液投加，初始余氯约 3 mg/L，分别考察铜离子、锌离子和铁离子对生成消毒副产物 THMs 和 HAAs 的影响。

本组实验 pH 控制在 7.0，投加金属离子浓度均为 1.0 mg/L，通过图 6-1 可以看出铜离子对氯化消毒副产物生成过程有明显的催化促进作用。这个结论初步能够说明第 3 章铜管中三氯甲烷及氯乙酸产量比镀锌管高的原因，尽管铜管中单质铜与单质锌一样能还原消耗氯胺，但释放出的铜离子具有催化生成氯代消毒副产物的优势从而导致了铜管与镀锌消毒副产物产量差异大。这一结论还要通过改变实验参数进行深入探讨。

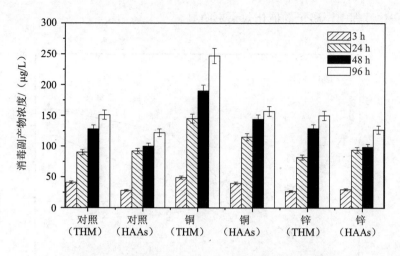

图 6-1　金属离子对氯化反应生成消毒副产物的影响

6.2.2　腐殖酸（HA）的氯化和氯胺化反应过程

6.2.2.1　铜离子对氯化和氯胺过程 THMs 生成影响的对比

研究表明相同浓度的投加量下，氯胺化过程中生成的 THMs（三氯甲烷）比氯化过程减少 40%～80%[171]。通过实验条件的摸索，我们发现 0.05 mmol 的氯和 0.15 mmol 氯胺在溶液 pH 接近中性的情况下，THMs 的生成量基本上差不多。因此，以这个氯和氯胺的投加量来进行比较实验。

图 6-2 比较了铜离子在腐殖酸（HA）的氯化和氯胺化反应过程中的催化效果。结果清楚表明了当铜离子存在情况下，氯/氯胺化过程中消毒剂的衰减速率以及 THMs 的生成均受到影响。当铜离子投加后，氯化和氯胺化过程中 THM 的生成浓度分别从 59 µg/L 提高到 66 µg/L 和从 52 µg/L 提高到 75 µg/L。很显然，铜离子既分别促进了该过程中氯和氯胺的衰减，同时又促进了 THM 的生成。而且，铜离子在氯胺化过程中的催化作用要比氯化过程更强。因此控制氯胺化过程中铜离子的浓度更为重要。

6.2.2.2　pH 对铜离子催化效果的影响

pH 对铜离子催化效果的影响也进行了考察，图 6-3 对比了腐殖酸氯化和氯胺化反应过程中，不同 pH 条件下的催化效果。其中，氯和氯胺的投量分别是 0.1 mmol 和 0.3 mmol；腐殖酸的浓度是 5 mg/L；1.0 mg/L 铜离子；反应时间为 3 d。由图可以看出：没有铜离子存在的情况下，氯化和氯胺化过程中，THM 的浓度均随着 pH 的升高而升高；铜离子投加后 THM 的生成量明显增加，尤其是在低 pH 条件下；在实验范围内的 pH 条件下，氯胺化过程中铜离子的催化效果更明显。

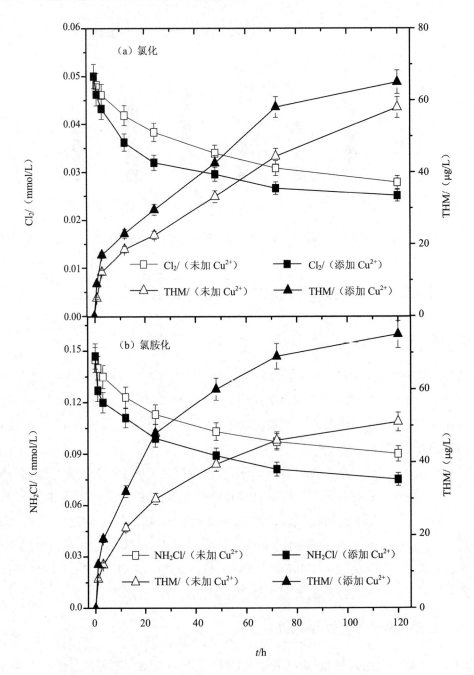

图 6-2　铜离子在氯化和氯胺化过程中对 THMs 生成影响的对比

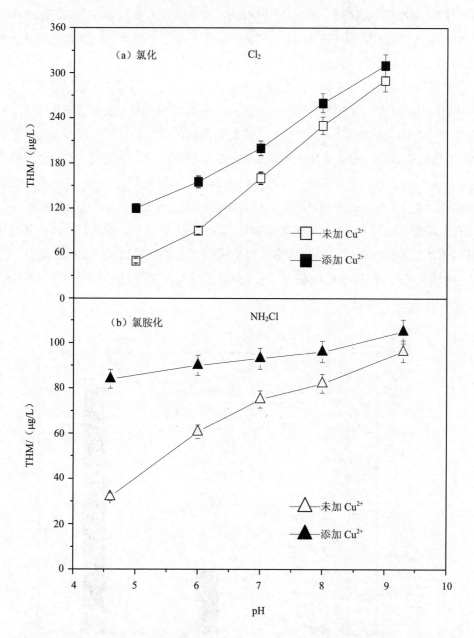

图 6-3 不同 pH 条件下，腐殖酸氯化/氯胺化反应过程中铜离子催化生成 THM 效果对比

6.2.2.3 氯/氯胺化过程中自由基的作用

前一章对消毒剂分解因素的研究已经发现氯胺溶液中投加铜离子后能产生氨基自由基和羟基自由基。那么腐殖酸的氯/氯胺化反应过程中是否能产生自由基？同时自由基是否又会对消毒副产物的生成产生影响？对这一问题进行了初步研究。用 ESR 分析来测定腐殖酸氯化和氯胺化反应过程中的自由基。实验条件为 0.5 mmol 氯/氯胺；5.0 mg/L 腐殖酸；10 mg/L 铜离子；pH 为 6.0，ESR 分析条件与上一章一致。实验结果见图 6-4：当没有铜投加时，腐殖酸氯胺化反应过程中没有检测到任何自由基信号；当加入铜离子后，很明显检测到羟基自由基，但没有氨基自由基的信号；同时催化氯化过程中也检测到少量的羟基自由基。有学者研究发现羟基自由基能够将大分子腐殖酸氧化成小分子从而提高 THM 的生成势[172]。为了研究催化腐殖酸氯胺化反应过程中羟基自由基是否对 THM 的生成有影响，用碳酸盐作为羟基捕获剂来进行研究，碳酸盐能够迅速与羟基自由基反应从而终止自由基产生的链反应[173]。图 6-5 显示的是碳酸盐加入催化氯胺化过程后的结果，实验条件是：碳酸盐浓度是 0.2 mmol；氯胺投加量 0.4 mmol；pH 为 6.0。结果显示：碳酸盐加入后，催化腐殖酸氯胺化反应过程中的 THM 有所降低，但还是比没有铜离子存在的氯胺化过程要高很多。但是碳酸盐的加入对氯胺的衰减速率却没有影响。说明催化过程中，羟基自由基一旦生成就会迅速与腐殖酸反应（而不是与氯胺反应）从而提高了 THM 的生成量。

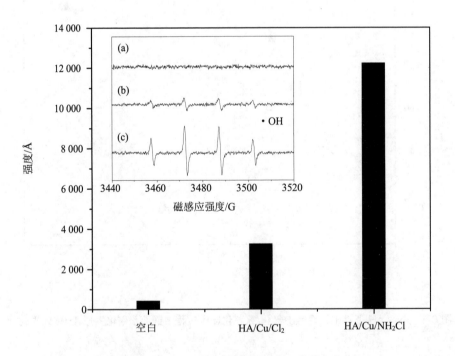

（a）空白；（b）催化腐殖酸氯化；（c）催化腐殖酸

图 6-4　氯胺化反应过程中的 ESR 扫描结果

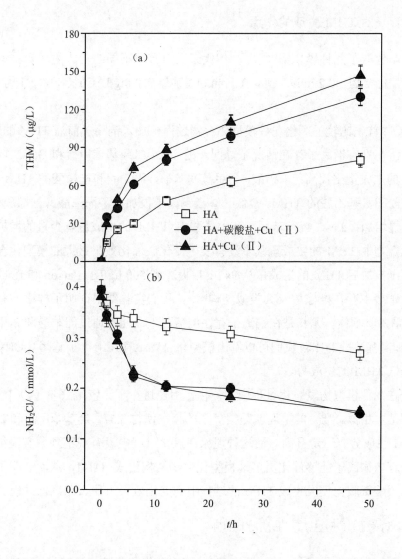

图 6-5　碳酸盐对腐殖酸氯胺化反应过程中 THM（a）生成和氯胺（b）衰减的效果

6.2.3　模型有机物的氯/氯胺化反应过程

　　由于腐殖酸的分子大而复杂，为了进一步研究腐殖酸的氯/氯胺化反应过程中 THM 的生成机理及铜离子的催化反应机理，我们选取了一系列能代表腐殖酸致 THM 单元结构的有机模型物，通过对铜离子在这些模型物氯/氯胺化过程中的作用途径的研究来阐明铜离子催化腐殖酸氯/氯胺化过程中 THM 生成的机理。

6.2.3.1 铜离子对 THM 生成的作用

根据文献选取了九种模型物[125, 174, 175]代表腐殖酸中不同的功能团。实验条件是：2.0 mg/L 模型化合物，0.2 mmol 氯，0.5 mmol 氯胺，1.0 mg/L Cu（II），pH 为 7.0，反应时间为 1 d。

图 6-6（a）首先比较了氯化九种模型化合物过程中加入铜离子前后 THM 的生成量。结果显示：①在没有铜离子存在情况下，间苯酚，2,6-二羟基苯甲酸和 3,5-二羟基苯甲酸中 THMs 的生成量比较高；水杨酸，2-甲基间苯酚，丙二酸和柠檬酸的 THMs 产量较弱；邻苯二酚和氨基乙酸的 THMs 最低。②当铜离子投加后，丙二酸，柠檬酸中 THM 的生成量明显增加；2,6-二羟基苯甲酸和水杨酸中 THM 的生成量有少量的增加；而其他的几种化合物中 THM 的生成量基本没有发生变化。催化效果最大的模型化合物是柠檬酸，铜离子投加后 THM 的生成量从 94 μg/L 提高到 500 μg/L。Larson 和 Rockwell 曾经报道过腐殖酸中存在柠檬酸及其类似结构[123]。我们实验结果证明了柠檬酸和丙二酸是 THM 的重要前驱体，尤其是在铜离子存在的情况下。此外通过间苯酚和 2-甲基间苯酚，丙二酸和氨基乙酸的比较我们可以看出模型化合物上存在给电子基团"$-CH_3$，$-NH_2$"后能明显降低 THM 的生成势。

铜离子在九种模型物氯胺化过程中的催化作用也进行了比较[图 6-6（b）]，其规律与氯化过程基本相似。唯一的不同就是铜离子的存在使得 3,5-二羟基苯甲酸和 2-甲基间苯酚的 THM 生成势有一定升高，而这种现象在氯化过程中没有观察到。实验结果表明了氯胺化过程中铜离子能够催化更多地模型化合物结构生成 THM，从而证明了为什么铜离子在腐殖酸氯胺化反应生成 THM 的过程中的催化效果为什么比氯化过程更明显。

6.2.3.2 pH 对檬酸反应生成 THM 的影响

通过上面的实验结果可知，铜离子在腐殖酸的氯化和氯胺化反应生成 THM 的过程中的催化效果主要是因为柠檬酸及其类似结构的贡献。为了进一步研究氯化柠檬酸生成 THM 过程中溶液 pH 的效果，进行了一系列的不同 pH 条件下的铜离子投加氯化实验。柠檬酸的初始浓度为 1.0 mg/L，氯的投加量为 0.05 mmol，铜离子为 1.0 mg/L。

图 6-7 显示当溶液 pH 从 5.0 升高到 8.5 的过程中，当没有铜离子存在的情况下，THM 的生成量明显增加。铜离子存在后，在各 pH 条件下，铜离子存在使得氯的衰减速率和 THM 的生成量均升高。铜离子的催化效果随着 pH 的升高而降低。譬如当 pH 等于 7.2 时[图 6-7（c）]（这个 pH 条件在水处理过程很常见），反应时间到 120 h 后 THM 的生成量提高了一倍。

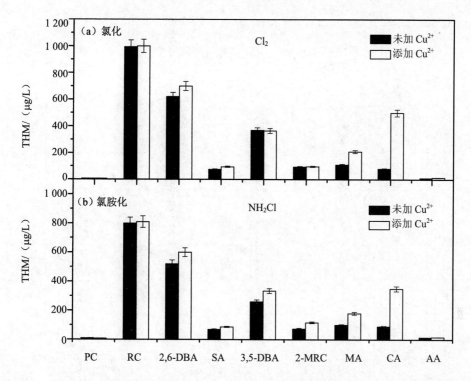

图 6-6 铜离子在模型化合物氯化（a）和氯胺化（b）反应中生成 THM 过程中的催化效果

图注：

PC （Pyrocatechol）	RC （Resorcinol）	2,6-DBA （2,6-Dihydroxybenzoic acid）
SA （Salicylic acid）	3,5-DBA （3,5-Dihydroxybenzoic acid）	2-MRC （2-Methyl resorcinol）
MA （Malonic acid）	CA （Citric acid）	AA （Aminoacetic acid）

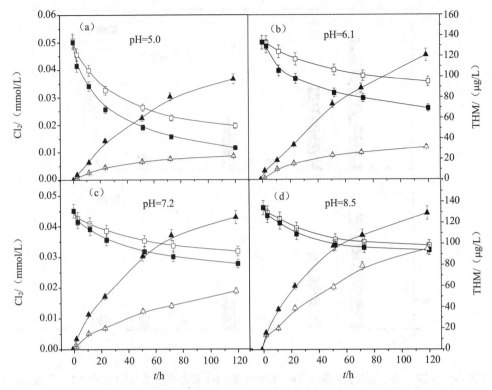

图 6-7　不同 pH 条件下铜离子在氯化柠檬酸生成 THM 过程中的催化效果

6.2.3.3　柠檬酸生成 THM 过程中的中间产物

为了进一步研究柠檬酸的氯化和氯胺化反应过程中生成 THM 的反应过程及铜离子的催化机理，用 GC/MS 对反应中间产物进行了检测。实验条件为：氯投量 0.15 mmol，氯胺 0.2 mmol，10 mg/L 柠檬酸，反应时间 24 h。铜离子投加前后，柠檬酸的氯化和氯胺化反应过程中的中间产物用表 6-1 进行了表示。在没有铜离子存在的氯化过程中，大量的氯代产物譬如氯乙酸类、酮类、酰类物质被检测到。由于柠檬酸有三个羧基基团，柠檬酸去羧基反应发生后释放出的甲基酮结构被氯取代后将会形成这些中间产物。

除了上述这些氯代物质，还有一些中间产物譬如 2-氨丙醇，丙酰胺等物质在氯胺化过程中被检测到。这些氮类中间产物的发现说明氯胺能够直接与柠檬酸反应生成一些新的消毒副产物。此外，由于氯胺溶液中会水解产生氯，所以氯化过程中的所有中间产物在氯胺化过程中被检测到也是非常合理的。

同时用 GC/MS 手段也检测了铜离子催化氯化和氯胺化体系中的中间产物。通过与无铜离子存在条件比较，没有检测到新的中间产物。这个实验结果说明了铜离子的存在能够提高 THM 的生成速率，但是氯化和氯胺化过程中大多数致 THM 生成的反应途径并没有发生变化。

表 6-1　GC/MS 检测出的柠檬酸氯化/氯胺化反应过程中的主要中间产物

停留时间/min	中间产物	分子结构	停留时间/min	中间产物	分子结构
4.84 [a, b]	Chloroacetyl chloride		8.88 [a, b]	Trichlormethane	
4.89 [b]	2-Aminopropanol		9.12 [a, b]	Ethyleneglycol bischloro acetate	
5.04 [b]	Propanamide		9.92 [a, b]	1,1,3-Trichloroacetone	
5.92 [a, b]	Dichloroacetic acid		9.97 [a, b]	Trichloroacetic acid	
6.3 [b]	Ethyl oxamate		10.01 [a, b]	Trichloroacetaldehyde	
6.88 [b]	2-chloro-N-ethylacetamide		10.803 [a, b]	Dichloroacetic anhydride	
7.55 [a, b]	1,3-Dichloroacetone		12.45 [a, b]	1,1,1,3-Tetrachloroacetone	
8.67 [a, b]	Dichloro-acetyl chloride		12.653 [a, b]	1,1,1,2-Tetrachloro-ethane	
8.69 [a, b]	Chloroacetic anhydride		12.85 [a, b]	1,1,3,3-Tetrachlorophthalic acetone	

注：a. 氯化；b. 氯胺化。

6.2.4 模型化合物与铜离子络合作用的 FTIR 扫描

很多研究已经表明铜离子容易跟腐殖酸发生络合产生络合催化效应，铜离子一般通过腐殖酸中的羧基、氨基和羟基基团产生络合[176, 177]。为了验证铜离子与腐殖酸的络合作用，用 FTIR（傅立叶变换红外光谱仪）扫描的对比研究了含上述几种活性基团的模型化合物（柠檬酸，氨基乙酸，丙二酸和水杨酸）加铜前后吸收峰的变化。扫描结果如图 6-8 所示。柠檬酸中 3 495 cm^{-1} 和 3 292 cm^{-1} 处的吸收峰属于羟基伸缩振动[178]，当柠檬酸与铜离子发生络合后，这两处峰强明显减弱（图 6-8（a）），其他三个模型化合物中的羟基吸收峰也有类似的变化；对于氨基乙酸，3 178 cm^{-1} 处的尖峰属于氨基的伸缩振动峰（图 6-8（a））。铜离子加入后其吸收峰强也明显减弱，说明了铜与氨基也形成了络合结构。而且羧基振动峰（图 6-8（b）中 1 605 cm^{-1} 处峰；图 6-8（c）中 1 731 cm^{-1} 处峰；图 6-8（d）中 1655 cm^{-1} 处峰）均向低波数发生了些许移动，这均是羧基氧上的孤对电子朝铜离子转移后所导致[179]。FTIR 扫描结果证明了腐殖酸中的氮、羧基和羟基基团在铜离子的络合催化过程中发生了重要作用。

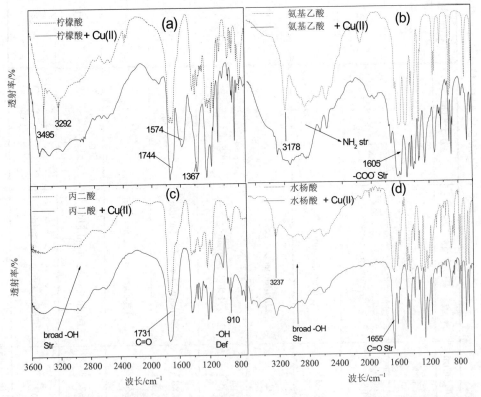

图 6-8 柠檬酸（a）、氨基乙酸（b）、丙二酸（c）和水杨酸（d）加铜前后的 FTIR 扫描

6.2.5　催化机理的分析

　　基于以上研究的结论，我们提出铜离子催化腐殖酸氯化和氯胺化反应生成 THM 的过程包括两种作用，分别是羟基自由基导致的间接催化和铜离子络合作用的直接催化。机理图用图 6-9 进行了表示。

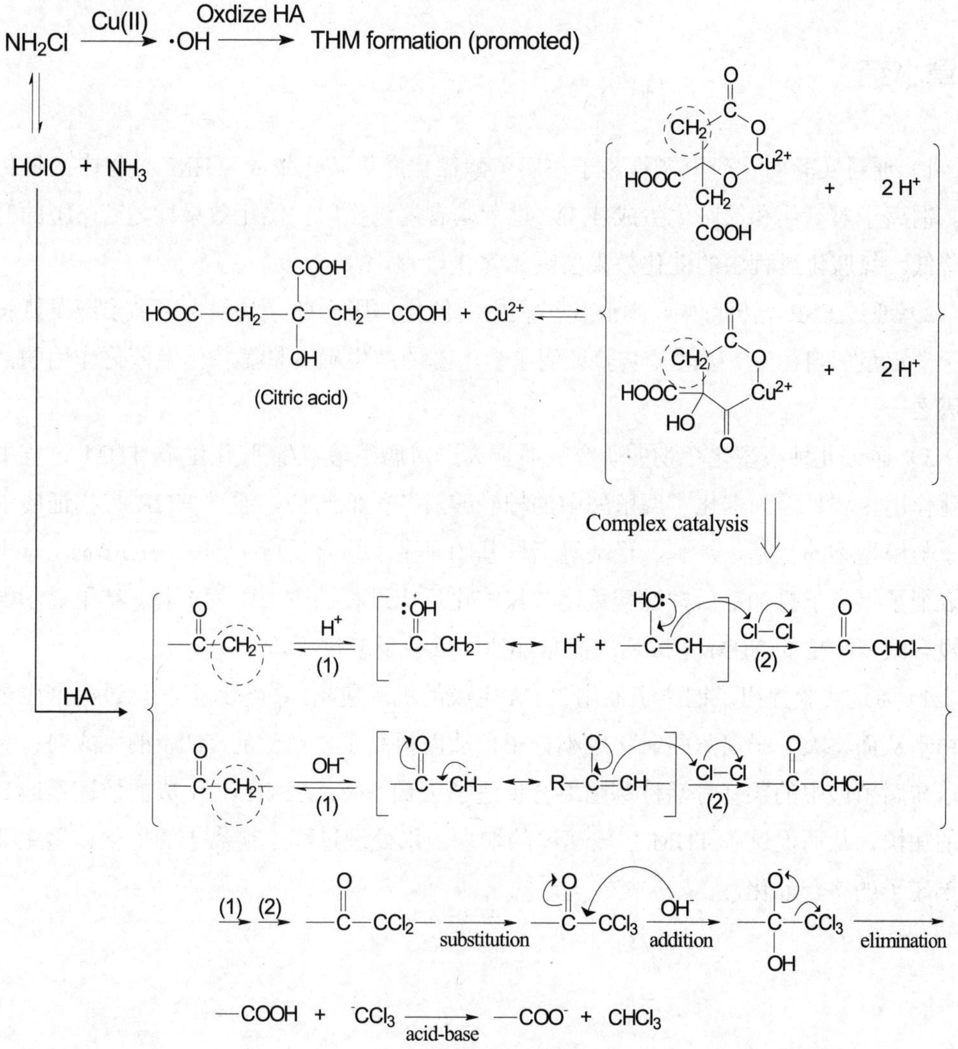

图 6-9　提出的腐殖酸氯/氯胺化反应过程中铜离子催化 THM 生成的机理

　　间接催化过程中，由铜离子激发产生的羟基自由基能够将大分子的腐殖酸氧化成小分子，从而提高了腐殖酸 THM 的生成势。氯胺相比氯体系能更多地产生羟基自由基，是氯胺过程中铜离子催化效果更高的原因之一。铜离子与腐殖酸中的柠檬酸及其类似结构发生络合从而产生了络合催化，是导致 THM 升高的主要原因。铜离子没有改变氯化柠檬酸生成 THM 的主要反应途径，而是与之络合从而加快了去羧基等反应步骤。研究表明去羧基过程是 THM 生成的控速步骤[180]。需要指出的是在实际水处理，特别是饮用水过程中，铜离子的间接催化作用几乎不会发生。这主要是因为铜离子、氯胺的初始浓度都很低，结合上一章对铜、氯胺的投量与自由基产量关系的研究可知，1 mg/L 的铜离子投量不足以产生羟基自由基。因此铜离子的主要催化作用来自络合作用的直接络合催化。

本章小结

1）通过实验对比研究了铜离子在腐殖酸氯化和氯胺化生成 THM 过程中的催化效果。铜离子对氯化和氯胺化生成 THM 过程均有催化作用，催化效果均随着 pH 的升高而降低。氯胺化过程中的催化效果要高于氯化过程。

2）通过 ESR 分析可知，氯胺化过程中的催化作用一部分是因为铜离子激发氯胺产生了一定量的自由基。碳酸盐实验证明了自由基的产生确实是氯胺化中催化作用的部分原因之一。

3）通过九种模型化合物的研究表明铜离子对腐殖酸氯/氯胺化生成 THM 过程中的催化作用主要是因为催化了腐殖酸中的柠檬酸及其类似结构。通过 FTIR 扫描证明了铜离子与模型物的氨基、羧基、羟基等活性基团发生了络合反应。同时用 GC/MS 分析手段表征了铜离子投加前后柠檬酸氯化和氯胺化反应过程的主要中间产物。结果显示铜离子没有改变主要的 THM 生成反应而是加速了某些反应过程。

4）通过实验提出了铜离子催化 THM 生成的机理包括：①导致氯胺化过程产生羟基自由基从而将大分子腐殖酸氧化成小分子，从而提高了腐殖酸的 THM 的生成势；②铜离子与腐殖酸中的羧基等活性基团络合促进了去羧基反应（THM 生成的控速反应）速率的加快，从而促进了 THM 生成速率的增加。水处理过程中铜离子的催化作用主要来自铜离子的络合催化。

第7章
北京市管网水质调查及管网"红水"现象的研究

北京市地下管网总长 6 700 多 km，管线总数量 43 万多根，具有历史长，管材复杂，水源地分散等特点。而且南水北调工程更增加了管网稳定运行的风险性。为了深入分析水质在各级管线的变化情况，选取了北京市回龙观小区作为典型区域为代表。回龙观是城郊近 10 年来发展建设的以居住为主的新型小区，管网非常规范。深入研究该典型小区内的管网水质变化特征，能比较有代表性的说明北京市管网水质特征，同时将实际管网水质调查结果与实验室模型管网水质进行对比，验证实验室研究的科学性。

此外，针对 2008 年下半年由于南水北调工程造成的局部区域管网产生"红水"问题也进行了研究。对比考察了发生和未发生"红水"区域管网的特征，结合水源水质变化查明产生"红水"的主要原因。

7.1　实际管网水质调查及模拟

7.1.1　管网情况及采样点布设

以北京市某区配水管网作为研究区域，该区域管网情况规则，管龄较小，由两条管径为 600 mm 的一级干线将水供入区域内，然后由若干条管径 400 mm 的二级干线将水分配给不同小区用户，最后再由一些管径 300 mm 和 100 mm 的接户线输送到居民楼。除此区域外，还选择了海淀区北清路一条长 13 km，管径 800 mm，管龄 5 年的输水干线进行水质沿程变化研究。

研究区域水质数据通过布设监测点附近消防栓处进行实际监测获取，其中一级支线长约 5 km，布设 3 个采样点，相邻两个采样点之间的距离约 1.5 km；二级支线上首末设两个采样点。监测指标包括：余氯、pH、浊度、铁、氨氮、硝态氮、亚硝态氮和消毒副产物等指标。在夏季和冬季各监测两次。水质情况见表 7-1 和表 7-2。可以看出该区域管网水质稳定，各指标变化不大。

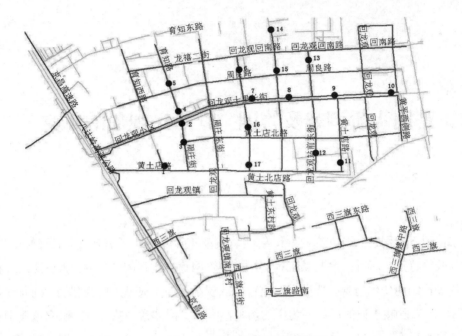

图 7-1　回龙观取样点分布情况

表 7-1　研究区域 1 月份管网水质情况

采样点	温度	pH	DO/ (mg/L)	余氯/ (mg/L)	浊度/ NTU	Fe/ 10^{-6}	NO_3^-/ (mg/L)	氨氮/ (mg/L)	THMs/ 10^{-9}*
1	3.80	7.19	13.50	0.59	0.19	0.06	0.98	0.16	17.65
2	6.10	7.06	13.00	0.71	0.19	0.05	1.31	0.36	12.37
3	8.80	7.44	13.58	0.19	0.16	0.04	1.35	0.11	16.05
4	7.10	8.05	10.90	0.10	0.30	0.08	0.65	0.47	15.73
5	4.40	7.28	13.42	0.84	0.23	0.14	1.21	0.12	14.54
6	4.50	7.19	13.69	0.63	0.29	0.03	1.11	0.21	15.24
7	3.90	7.24	12.90	0.57	0.50	0.04	1.13	0.04	19.83
8	3.90	7.37	12.76	0.65	0.22	0.04	1.15	0.35	11.70
9	4.20	7.57	13.36	0.82	0.27	0.04	1.10	0.21	14.44
10	6.90	7.50	12.30	0.57	0.21	0.03	1.29	0.26	17.08
11	6.90	7.62	12.24	0.60	0.24	0.04	1.15	0.11	19.64
12	6.00	7.43	13.38	0.70	0.34	0.03	1.11	0.12	7.08
13	4.80	7.61	15.51	0.79	0.19	0.07	1.15	0.35	14.81
14	4.90	7.69	12.14	0.74	0.19	0.05	1.10	0.21	16.17
15	5.00	7.73	14.13	0.87	0.16	0.03	1.10	0.34	14.20
16	5.30	7.77	13.80	0.94	0.30	0.03	1.33	0.16	14.00
17	4.70	7.76	12.75	0.91	0.23	0.03	1.08	0.18	13.72

*：THMs 单位为质量比浓度 10^{-9}。

表 7-2　研究区域 7 月份管网水质情况

采样点	温度	pH	DO/（mg/L）	余氯/（mg/L）	浊度/NTU	Fe/10^{-9}	NO_3^-/（mg/L）	氨氮/（mg/L）	THMs/10^{-9}
1	16.4	7.44	3.25	0.53	0.412 7	97.51	0.85	0.076	14.44
2	16.7	7.32	4.1	0.5	0.204 5	86.12	0.85	0.06	17.08
3	16.4	7.54	2.8	0.74	0.166 7	55.89	0.74	0.09	19.64
4	15.8	7.45	3.53	0.77	0.234 0	61.68	0.93	0.11	7.08
5	15.8	7.23	3.55	0.89	0.395 5	64.43	0.87	0.18	14.81
6	15.8	7.18	3.8	0.23	0.324 0	94.23	0.82	0.11	16.17
7	15.8	7.25	3.38	0.82	0.922 5	126.43	0.87	0.12	14.20
8	16.9	7.25	3.55	0.57	0.306 0	77.86	0.89	0.09	13.99
9	15.5	7.42	2.75	0.67	0.288 0	107.39	0.78	0.08	13.71
10	15.6	7.42	3.81	0.78	0.267 0	60.87	0.76	0.08	17.65
11	15.6	7.37	3.18	0.73	0.220 5	35.74	1.09	0.08	12.37
12	17.8	7.18	3.58	0.51	0.185 0	49.64	0.95	0.07	16.04

7.1.2　干线水质变化及拟合

北清路干线水质变化情况如图 7-2 所示，可以看出氯胺沿管程衰减规律明显，经过 15 km 输送后氯胺从管端初始的 0.9 mg/L 降到了约 0.6 mg/L。将数据进行拟合发现，氯胺的衰减规律能很好地拟合二级动力学。这与前面章节提到的结论一致，在管材影响作用较小的情况下氯胺的衰减动力学主要取决于自身的衰减规律。这也反映了主干管线输送过程稳定，对水质的影响小。

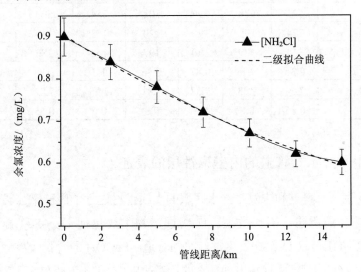

图 7-2　北清路干线管网氯胺衰减动力学

7.2 管网"红水"现象控制的研究

7.2.1 "红水"产生的原因

2008 年下半年在南水北调更换水源后,北京市局部地区居民家庭的自来水出现不同程度红水现象。这主要是因为河北水经过处理后虽然符合国家自来水标准,但是北京自来水管网内水体原有平衡被打破,引发部分区域自来水管材锈迹脱落,从而导致了"红水"的产生。严重的红水主要发生在原来供地下水的区域,地下水与地表水的混合供水区也有红水出现,但程度较弱,而以供地表水为主的地区基本没有发生红水现象。通过河北水进京前后各水厂的水质对比(表 7-3)可以看出,水质主要变化是硫酸的增加和碱度的降低。

表 7-3　河北水进京前后出厂水水质变化情况　　　　单位：mg/L

河北水源进京前后水质变化情况								
项目	三厂		九厂		田村		门城	
硝酸盐（以氮计）	6.7	5	0.9	1.2	2.3	1.9	1.9	2.3
氨氮（以氮计）		0.16		0.28		0.02		0.02
三氯甲烷/10^{-9}	2.1	2.4	16.5	8.7	20.6	13.7	32.8	9.8
浑浊度/NTU	0.16	0.23	0.2	0.18	0.28	0.26	0.16	0.16
氯化物	59.7	66.3	20.7	32.7	14.7	51.4	16.6	36.2
硫酸盐	82	156	42.4	98.7	38.5	224	35.2	130
溶解性总固体	522	570	294	302	254	500	204	394
总碱度（$CaCO_3$）	314	195	170	120	163	120	142	140
总硬度	314	329	170	197	163	280	142	241
耗氧量（COD_{Mn}）	0.36	1.8	0.87	0.76	1.5	1.1	0.55	0.72
pH	7.54	7.63	7.57	7.81	7.95	7.72	7.93	7.76
余氯	0.65	0.8	0.7	0.8	0.6	0.55	0.6	0.6

7.2.2 产生"红水"管道的内壁腐蚀层的表征

分别对发生红水严重和未发生红水区域的支线管材进行了内壁腐蚀层 XRD 表征,采样表征方法如前所述。对比发现：①腐蚀产物主要包括α，γ-Fe_2O_3，α-FeOOH，β,γ-FeOOH，Fe_3O_4，$FeCO_3$；②发生过红水的管道α-FeOOH 的含量较少,且β,γ-FeOOH 的含量大于α-FeOOH；而没有发生过红水的管道α-FeOOH 含量明显大于β,γ-FeOOH。所以α-FeOOH 可能是形成致密保护层的主要成分；长期通地表水的管道中有利于

α-FeOOH 的形成。

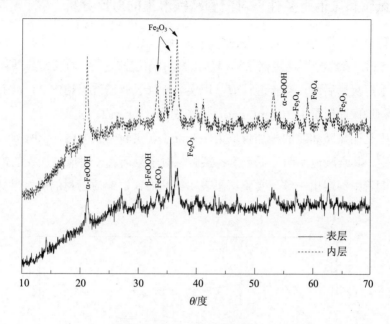

图 7-3　未发生过红水的镀锌管典型的 XRD 谱图

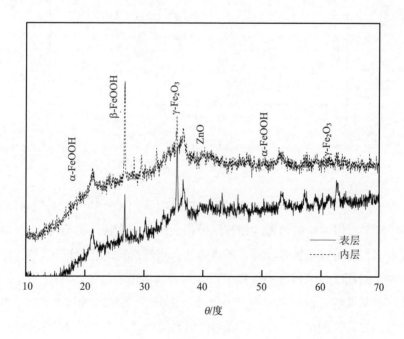

图 7-4　发生过红水的镀锌管典型的 XRD 谱图

7.2.3　氯胺和氯消毒条件下对旧管路铁溶出的对比分析

实验管材为两根旧镀锌管（内径 2.5 cm，年限超过 15 年，采至同一户线管网），管长均为 1.5 m。管路分别连接储水细口瓶，密封隔绝空气，蠕动泵使其循环反应。水样采自第九水厂炭滤后水。实验进行前，用实验水样进行清洗，稳定 2 h 以上。清洗及实验进行过程均保证流量为 100 mL/min，即流速为 3.3 mm/s。

水样中初始氯胺和氯的投加量均为 1.3 mg/L，实验结果如图 7-5 所示。可以看出氯胺比氯稳定，其衰减速率明显低于氯；氯胺相对于氯而言，更能增加铁的溶出。该结果与第 3 章铜管中铜溶出一致。实验结果表明氯胺对铁、铜质管材的腐蚀性比氯更强。

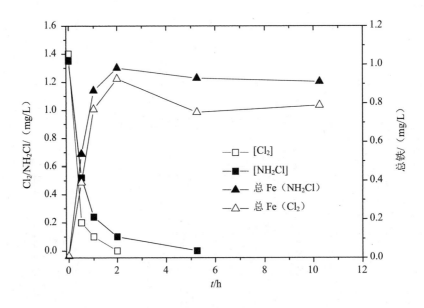

图 7-5　氯胺和氯消毒条件下，旧管路中铁溶出对比

九厂出水用氯胺作为二次消毒剂，在滤后水中补加了 0.3×10^{-6}（质量比）以上的氨氮。国外已经多次报道氯胺消毒致使管网中铅的溶出超过标准数百倍。主要是因为氯胺能够与铅的沉积物形成溶解性物质，而目前北京市红水问题已经产生，管网的稳定性已经受到影响，因此氯胺消毒更加提高了铅等重金属溶出的风险，应给予一定关注。

从浊度和总铁的分析可以看出：①相对于氯而言，氯胺对管壁的腐蚀性更强，更能增加管壁腐蚀导致铁的溶出；②2 h 水力停留时间内，消毒剂基本消耗殆尽，而铁的溶出也主要发生在此时段。铁溶出的主要形态是颗粒铁（图 7-7），消毒剂衰竭完后铁溶出基本稳定，说明第九水厂出水的腐蚀性小。

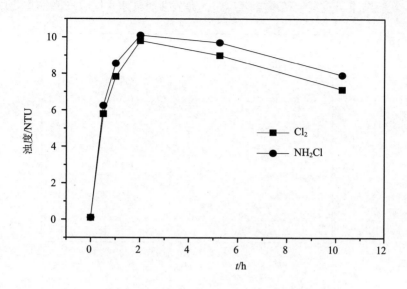

图 7-6　氯胺和消毒条件下，浊度对比

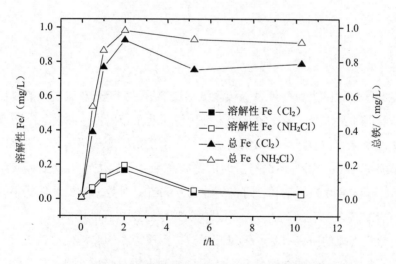

图 7-7　氯胺和消毒条件下，铁的溶出形态

7.2.4　硫酸盐对铁溶出的影响

一般认为，pH、碱度低，溶解氧，Cl^-、SO_4^{2-}、NH_4^+、Cu^{2+}、Fe、Mn 等金属阳离子含量高，电导率值大的水对管道的腐蚀作用大。由河北水进京前后指标可知，硫酸盐浓度增加明显。为了探明硫酸盐对"红水"现象产生是否有贡献，水样中投加 100 mg/L 硫酸盐进行铁溶出对比实验。水利条件均保持不变。实验结果如图 7-8 所示，可以看出硫酸盐对铁的溶出作用明显。由 24 h 运行时间结果看出总铁浓度从 2.0 mg/L 提高到

3.0 mg/L。实验结果可以证明硫酸盐浓度过高是发生"红水"现象产生的主要原因之一。

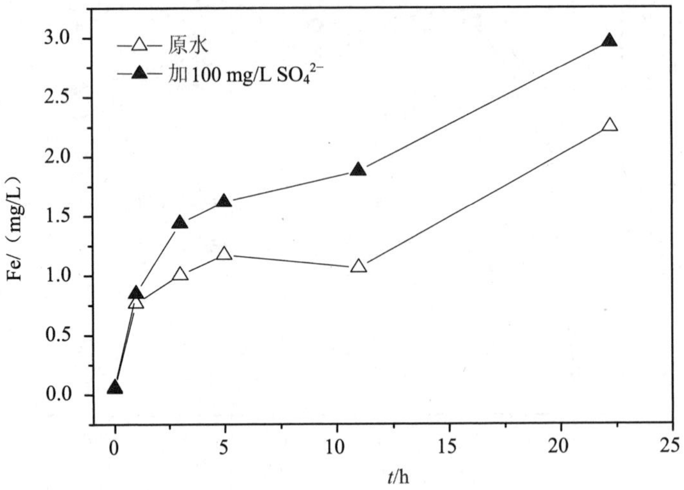

图 7-8　原水中硫酸盐对旧镀锌管中铁溶出的影响

本章小结

　　以回龙观区域管网为典型代表，该区域是城郊近 10 年来发展建设的以居住为主的新型小区，管网非常规范，能比较有代表性地说明北京市管网水质特征。对该小区内的管网水质进行了调查。该区域管网水质稳定，各水质指标变化不大。说明该区域管网输配过程对水质影响小。同时还选择了北清路一条独立干线进行了氯胺衰减动力学的研究。氯胺从管端浓度 0.9 mg/L 降到了末端的 0.6 mg/L，对数据分析发现能很好拟合二级动力学，符合氯胺自身衰减动力学规律。说明管壁对氯胺衰减影响小。

　　对"红水"现象的研究可知：①氯胺对铁、铜质管材的腐蚀性比氯更强，更能增加金属的溶出；②原水中硫酸盐浓度升高能明显加剧水质对管道的腐蚀性。③第九出厂水滤后水腐蚀性较小，管道中铁的溶出形态主要是颗粒态。

第 8 章
结论与展望

8.1 结论

本研究针对饮用水加氯、氯胺消毒的处理工艺，选取目前常见的五种户线管材（铜管、PPR 管、PE 管、不锈钢管和镀锌管）和 3 种干线管材为研究对象，考察了市政供水在不同管材管道中水质的主要化学、生物学指标的变化情况。详细地研究了不同入水条件下（pH、氯胺投加量等）各管中氯胺的分解情况和金属管材的金属溶出情况，并对金属管壁腐蚀层进行了表征。以北京市回龙观小区为例，研究了小区内的管网水质的变化特征。同时将实际管网水质调查结果与实验室模型管网水质进行对比，对实验室研究结果进行验证。深入考察了铜管和镀锌管中金属离子溶出对氯胺衰减和消毒副产物生成的影响。探讨了铜离子催化促进氯胺分解机理以及催化促进氯化/氯胺化生成消毒副产物THM 的机理。主要取得了以下研究结果：

1）饮用水在输配过程中水质会发生明显变化，水质条件、输配水管材及季节性因素等均对水质有显著影响。不同管道中氯、氯胺衰减速率差异较大，金属管中氯胺衰减速率要高于塑料管，金属管的基体金属均在不同程度上有溶出，从而对水质造成影响，非金属管污染物溶出量较低。研究进一步证明，提高出厂水 pH 至碱性条件是控制管网中氯胺浓度、保证管网水质稳定性的重要手段。

2）五种户线管中，镀锌管中生成的消毒副产物（HAAs 和 THM）量最少，其次是铜管和不锈钢管。镀锌管内水质异养菌生长最为迅速，铜离子具有强消毒能力，因此铜管内水质生物稳定性较好。

3）对北京"红水"现象进行了研究，结果显示：①氯胺对铁、铜质管的腐蚀性比氯更强，更能增加铜管、镀锌管中金属离子的溶出；②原水中硫酸盐浓度升高能明显加剧水质对管路的腐蚀。③管壁内腐蚀产物主要包括α, γ-Fe_2O_3, α-FeOOH, β,γ-FeOOH, Fe_3O_4, $FeCO_3$；发生过红水的管道α-FeOOH 含量较少，且β,γ-FeOOH 含量大于α-FeOOH；

而没有发生过红水的管道α-FeOOH 含量明显大于β,γ-FeOOH，因此α-FeOOH 可能是形成致密保护层的主要成分。

4）发现铜离子对氯胺的衰减具有催化促进作用。以北京和上海两城市的市政出厂水为对象进行研究，发现实际水中铜离子的存在确实能加快氯胺的分解。研究了铜离子的催化机理，并证实铜离子催化氯胺衰减的机理：①铜离子与氯胺的络合作用所产生的络合催化（主要作用）；②铜离子与氯胺溶液反应产生自由基，自由基进一步与氯胺反应所引发的间接催化（次要作用）。

5）管材对消毒副产物（DBPs）的生成影响较大，主要是由于其对活性氯消耗的影响不同所致。而铜管中因为溶出的铜离子催化促进了消毒副产物的生成，从而导致其中消毒副产物含量大于镀锌管中的含量。研究了氯和氯胺消毒过程中，不同条件下（pH、氯/氯胺浓度）消毒副产物的生成情况，并利用模型有机物的研究探讨了铜离子催化消毒副产物生成的机理。发现铜离子与水中腐殖酸包含的柠檬酸及其类似结构发生络合从而产生了络合催化，进而导致 THM 升高。铜离子没有改变氯化柠檬酸生成 THM 的主要反应途径，而是与之络合从而加快了去羧基等反应过程，从而加快了 THM 的生成速率。

8.2 展望

本研究工作对氯胺消毒饮用水在不同管中输配水质发生的变化做了较系统的研究，并对金属管中金属离子溶出对氯胺的衰减和消毒副产物生成的机理进行了阐述，然而管网水质影响因素众多且变化复杂，有很多问题需要进一步完善研究。在本研究基础之上，可在以下方面进行深入：

1）针对"红水"问题，研究镀锌管中腐蚀层的形成过程及机理，探明导致管道内壁致密保护层α-FeOOH 等成分形成的关键因素。

2）北京市供水水源水质差异大，管网庞杂，所选择典型区域难以完全代表北京市水质变化规律，应增加对实际管网水质的调查。

3）在对管材对水质影响的详细研究的基础上，建立数学模型，将管线材质的影响包含到数学模型中。

参考文献

[1]   Larson T E. Corrosion by Domestic Waters. Bulletin 59，Illinois State Waters Survey，1975.

[2]   Larson T E，Skold R V. Corrosion and tuberculation of cast iron. J. AWWA，1957（10）：1294-1302.

[3]   Snoeyink V L，Kuch A. Principles of metallic corrosion in water distribution systems. In Internal Corrosion of Water Distribution Systems，AWWA Research Foundation/DVGW Forschungsstelle，Denver，Co，1985：1-32.

[4]   Singley J E. The search for a corrosion index. J AWWA，1981，73（10）：529.

[5]   Pigsan R A Jr，Singley J E. Evaluation of water corrosivity using the Langelier Index and relative corrosion rate models. Mat. Perf.，1985，26（4）：26-36.

[6]   Lin J，Ellaway M，Adrien R. Study of corrosion material accumulated on the inner wall of steel water pipe. Corrosion Sci.，2001，43：2065-2081.

[7]   Brocca D，Arvin E，Mosbæk H. Identification of organic compounds migrating from polyethylene pipelines into drinking water. Water Res.，2002，36：3675-3680.

[8]   Raynaud M. A view of the European plastic pipes market in a global scenario. In：Proceedings of Plastics Pipes XII，Milan，Italy.，2004（April）：19-22.

[9]   Sadiki A，Williams D T，Carrier，R，et al. Pilot study on the contamination of drinking water by organotin compounds from PVC materials. Chemosphere，1996，32：2389-2398.

[10]   Anselme C，Bruchet A，Mallevialle J，et al. Influence of polyethylene pipes on tastes and odours of supplied water. Proceeding of the Annual Conference of the American Water Works Association，1986：1337-1350.

[11]   Forslund J，Kj_lhede T H N. N. Influence of plastic materials on drinking water quality parameters. Water Supply，1991，9：11-15.

[12]   Skjevrak I，Due A，Gjerstad K O，et al. Volatile organic components migrating from plastic pipes（HDPE，PEX and PVC）into drinking water. Water Res.，2003，37（8）：1912-1920.

[13]   Tomboulian P，Schweitzer L，Mullin K，et al. Materials used in drinking water distribution systems：contribution to taste and odor. Water Sci. Technol.，2004，49：219-226.

[14]   Marchesan M，Morran J. Taste associated with products in contact with drinking water Water Sci. Technol.，2004，49：227-231.

[15] Heim T H, Dietrich A M. Sensory aspects and water quality impacts of chlorinated and chloraminated drinking water in contact with HDPE and cPVC pipe. Water Res., 2007, 41 (4): 757-764.

[16] Sarin P, Snoeyink V L, Bebee J, et al. Physico-chemical characteristics of corrosion scales in old iron pipes. Water Res., 2001, 35 (12): 2961-2969.

[17] Baylis J R. Prevention of corrosion and red water. J. AWWA, 1926, 15 (6): 589-631.

[18] Sontheimer H, Kolle W. The siderite model of the formation of corrosion-resistant scales. J. AWWA, 1981, 73 (11): 572-579.

[19] Singer P C, Stumm W. The solubility of ferrous iron in carbonate-bearing waters. J. AWWA, 1976, 68: 198-202.

[20] Sarin P, Bebee J. Mechanism of release of iron from corroded iron/steel pipes in water distribution systems. AWWA annual conference 2000, Denver, Colorado.

[21] Sander A, Berghult B, Ahlberg E, et al. Iron corrosion in drinking water distribution systems—Surface complexation aspects. Corrosion Sci., 1997, 39 (1): 77-93.

[22] Smith S E. Minimizing red water in drinking water distribution systems. Proceedings 1998 water quality technology conference, November, 1-4, San Diego, CA 1998.

[23] Shock M R. Internal corrosion and deposition control in water quality and treatment. A Handbook of Community Water Supplies. New York: McGraw-Hill, 1999: 231-245.

[24] Elzenga C H. Corrosion by mixing water of different qualities. Water Supply: the review journal of the international water supply association, 1987, 5: (3/4): ss12. 9-ss12. 12.

[25] Edwards M, et al. The pitting corrosion of copper. Journal of AWWA, 1994, July: 74-90.

[26] Cruse H, Franqué O v. Corrosion of copper in potable water systems. Internal Corrosion of Water Distribution Systems. AWWA Research Foundation, DVGW-Forschungsstelle cooperative research report, 1985.

[27] Cotton F A, et al. Advanced inorganic chemistry, Fifth. John Wiley & Sons, Inc. New York, 1988.

[28] Millero F J, et al. The effect of ionic interaction on the rates of oxidation in natural waters. Mar. Chem., 1987, 22: 179.

[29] Schock M R. Treatment or water quality adjustment to attain MCL's in metallic potable water plumbing systems. Plumbing Materials and Drinking water quality: Proceedings of a Seminar, Cincinnati, OH, May, 16-17, 1985.

[30] Shock M R, et al. Plumbosolvency reduction by high pH and low carbonate-solubility relationships. Journal of AWWA, 1983, 75 (2): 87.

[31] Shoesmith D W, et al. Anodic oxidation of copper in alkaline solutions 2-the open-circuit potential behavior of electrochemically formed cupric hydroxide films. Electrochem. Acta, 1977, 22: 1403.

[32] Adeloju S B, et al. The corrosion of copper pipes in high chloride-low carbonate mains water. Corrosion Science, 1986, 26 (10): 851.

[33] Merkel T H, et al. Copper corrosion by-product release in long-term stagnation experiments. Water Research, 2002, 36: 1547-1555.

[34] Broo A E. Copper corrosion in water distribution systems-the influence of natural organic matter (NOM) on the solubility of copper corrosion products. Corrosion Science, 1998, 40 (9): 1479-1489.

[35] Edwards M. Alkalinity, pH, and copper corrosion by-product release. Journal of AWWA, March, 1996: 81.

[36] Edward M, et al. Effect of various anions on copper corrosion rates. Proc. AWWA Annual Conference, San Antonio, TX, June 6-10, 1993.

[37] Milosev I, et al. Breakdown of passive film on copper in bicarbonate solutions containing ions. J. Electrochem. Soc., 1992, 139 (9): 2409.

[38] Broo A E, et al. Copper corrosion in drinking water distribution systems - the influence of water quality. Corrosion Science, 1997, 39 (6): 1119-1132.

[39] Hong P K, Macauley Y Y. Corrosion and leaching of copper tubing exposed to chlorinated drinking water. Water, Air, and Soil Pollution, 1998, 108: 457-471.

[40] Powers K A. Aging and copper corrosion by-product release: role of common anions, impact of silica and chlorine, and mitigating release in new pipe. MS thesis, Virginia Polytechnic Institute and State University, Blacksburg, Virginia, January 18, 2001.

[41] Campbell H S. A natural inhibitor of pitting corrosion of copper in tap waters. Jour. Appl. Chem. 1954, 4: 633.

[42] Boulay N, Edwards M. Role of temperature, chloride, and organic matter in copper corrosion by-product release in soft water. Water Res., 2001, 35 (3): 683-690.

[43] Switzer J A, Rajasekharan V V, Boonsalee, S, et al. Evidence that monochloramine disinfectant could lead to elevated Pb levels in drinking water Environ. Sci. Technol., 2006, 40 (10): 3384 - 3387.

[44] Bonde G R. Bacterial in works and mains from groundwater. Aqua., 1983, 10 (5): 237-239.

[45] Geldreich E E, Nash H D, Reasoner D J. The necessity of controlling bacterial populations in potable waters: community water supply. J. AWWA, 1972, 64 (9): 596-602.

[46] Herman L G. The slow-growing pigmented water bacteria: problems and sources. Advances in Appl. Microbiol., 1978, 23 (2): 155-171.

[47] Lechevallier M W, Seidler R J M E. T. Enumeration and characterization of standard pla te count bacteria in chlorinated and raw water supplies. Appl. Envir. Microbiol., 1980, 40 (5): 922-93.

[48] McMillan L, Stout R. Occurence of Sphaerotilus, Caulobacter, and Gallionella in raw and treated

water. J. AWWA，1977，69（1）：171-173.

[49] Reasoner D J，Geldreich E E. Significance of pigmented bacteria in water supplies. Proceedings Water Quality Technology Conference，AWWA，1979：187-196.

[50] van der Kooij D. Assimilable organic carbon as an indicator of bacterial regrowth. Journal AWWA，1982，84：57-65.

[51] van der Kooij D. The occurrence of Pseudomonas spp. in surface water and in tap water as determined on citrate media. Antonie van Leeuwenhoek J. Microbiol.，1978，43（1）：187-197.

[52] van der Kooij D. The determination of the after growth possibilities of bacteria in drinking water. Proceedings of the seminar developments of methods for determining water quality. Kiwa Rijswijk，1979：6-8.

[53] van der Kooij D. Characterization and classification of fluorescent pseudomonads isolated from tap water and surface water. Antonie van Leeuwenhoek J. Microbiol.，1979，45（2）：225-240.

[54] Martin R S，Gates W H，Tobin R S，et al. Factors affecting coliform bacteria growth in distribution systems. J. AWWA，1982，74：34-37.

[55] Wierenga J T. Recovery of Coliforms in the presence of a free chlorine residual. J. AWWA，1985，77（11）：83-88.

[56] Geldreich E E，Rice E W. Occurrence，significance，and detection of Klebsiella in water systems. J. AWWA，1987，79（5）：74-80.

[57] Mietinen I T，Vartiainen T，Nissinen T，et al. Microbial growth in drinking waters treated with ozone，ozone/hydrogen peroxide or c hlorine. Ozone Sci. Engin.，1998，20（2）：303-315.

[58] Burman N P. The occurence and significance of actinomycetes in water supply. In Sykes G，and Skinner F. A.（editors）：Actinomycetales；characteristics and practical importance. Academic Press，London and NewYork，1973：219-230.

[59] Nagy L A，Olson B H. Occurrence and significance of bacteria，fungi and yeasts associated with distribution pipe surfaces. Advanced in water ananlysis and treatment technology conference proceedings. AWWA，Houston，1986：213-237.

[60] Colbourne J S. Materials usage and their efects on the microbiological quality of water supplies. J. Applied Bacteriology Symposium Series，1985：47S-59S.

[61] 岳舜琳. 城市供水水质问题. 中国给水排水，1997，13（增刊）：37-38.

[62] 贺北平. 水中有机物特性与饮水净化工艺相关性的研究. 清华大学环境系，1996.

[63] Allen M J，Taylor R H，E G E. The occurrence of micro-organisms in water main encrustations. J. AWWA，1980，72（3）：614-625.

[64] Ridgway H F，Means E G，Olson B H. Iron bacteria in drinking-water distribution systems：elemental

analysis of Gallionella stalks，using X-ray energy-dispersive microanalysis. Appl. Environ. Microbiol.，1981，41（1）：288-297.

[65] Ridgway H F，Olson B H. Scanning electron microscope evidence for bacterial colonization of a drinking water distribution system. Appl. Envir. Microbiol.，1981，41（1）：274-287.

[66] Brazos B J，O'Connor J T. A transmission electron micrograph survey of the planktonic bacteria populationin chlorinated and non-chlorinated drinking water. Proceedings of the 13th AWWA WQTC，1985：275-305.

[67] LeChevallier M W，Badcock T M，Lee R G. Examination and characterization of distribution system biofilms. Applied Environmental Microbiology，1987，53：2714-2724.

[68] Herson D S，McGonigle B，Payer M A，et al. Attachment as a factor in the protection of Enterobacter cloacae from chlorination. Appl. Environ. Microbiol.，1987，53（5）：1178-1180.

[69] LeChevallier M W，Cawthon C D，Lee R G. Factors promoting survival of bacteria in chlorinated water supplies. Appl. Environ. Microbiol.，1988，54（3）：649-654.

[70] Power K N，Nagy L A. Relationship between bacterial regrowth and some physical and chemical parameters within Sydney's drinking water distribution system. Water Res.，1999，33（3）：741-750.

[71] 高湘，张建锋. 给水工程技术及工程实例. 北京：化学工业出版社，2002.

[72] Huck P M. Measurement of biodegradable organic matter and bacterial growth in drinking water. Journal AWWA，1990，82（7）：78-86.

[73] LeChevallier M W. Coliform regrowth in drinking water：a review. J. AWWA，1990，82：74-86.

[74] Prevost M，Rompre A，Coallier J，et al. Suspended bacterial biomass and activity in full-scale drinking water distribution systems：impact of water treatment. Water Res.，1998，32（5）：1393-1406.

[75] Grayman W M，Clark R M，Males R M. Modeling distribution system water quality：dynamic approach. J water resource planning and management，1998，114（3）：295-312.

[76] Males R M，Clark R M，Wehrman P J. Algorithm for mixing problems in water systems. J Hydraulic engineering，1985，111（2）：206-219.

[77] Lions C P，Kroon J R. Modeling the propagation of waterborne substances in distribution network. J AWWA，1987，79（11）：54-58.

[78] Rossman L A，Boulo P F，Altman T. Discrete volume-element method for network water-quality model. J water resource planning and management，1993，119（5）：32-40.

[79] Chaudhry M H，Islam M R. Water quality modeling in pipe networks. Netherlard：Improving Efficiency and Reliability in Water Distribution Systems，Kluwer Academic publishers，1995.

[80] Dukan S，Levi Y，Piriou P，et al. Dynamic modelling of bacterial growth in drinking water networks. Water Res.，1996，30（9）：1991-2002.

[81] Bois F Y, Fahmy T, Block J C, et al. Dynamic modeling of bacteria in a pilot drinking-water distribution system. Water Res., 1997, 31 (12): 3146-3156.

[82] Jeyamkondan, S, Jayas D S, Holley R A. Microbial growth modelling with artificial neural networks. Int. J Food Microbiol., 2001, 64 (3): 343-354.

[83] Kirmeyer G J. (1993) Optimizing chloramine treatment. Prepared for the American Water Works Association Research Foundation, Denver, CO.

[84] Norman T S, H H H, W L R, et al. Use of mechanism-based structure-activity relationships analysis in carcinogenic potential ranking for drinking water disinfection by-products. Environ. Health Perspect, 2002, 110: 75-87.

[85] Kool J L, Carpenter J C, Fields B S. Effect of monochloramine disinfection of municipal drinking water on risk of nosocomial Legionnaires' disease. Lancet, 1999, 353 (9149): 272-277.

[86] Clement J A. Overview of American disinfectant residual practice. J Wat SRT-Aqua., 1999, 48 (2): 59-63.

[87] Clark R M, Adams J Q. Control of microbial contaminants and disinfection by-product for drinking water in th US: cost and performance. J Wat SRT-Aqua., 1998, 47 (6): 255-265.

[88] Norton C D, LeChevallier M W. Chloramination: its effect on distribution system water quality. J. AWWA, 1997, 7: 66-77.

[89] Neden D G, Jones R J, Smith J R, et al. Comparing chlorination and chloramination for controlling bacterial regrowth. J. AWWA, 1992, 7: 80-88.

[90] Straub T M, Gerba C P, Zhou, X, et al. Synergistic inactivation of Escherichia coli and MS-2 coliphage by chloramine and cupric chloride. Wat. Res., 1995, 29 (3): 811-818.

[91] Duirk S E, Gombert, B, Croue J P, et al. Modeling monochloramine loss in the presence of natural organic matter. Wat. Res., 2005, 39 (14): 3418-3431.

[92] Vikesland P J, Valentine R L. Modeling the kinetics of ferrous iron oxidation by monochloramine. Environ. Sci. Technol., 2002, 36 (4): 662-668.

[93] Ozekin, K, Valentine R L, Vikesland P J. Modeling the decomposition of disinfecting residuals of chloramine. Water Disinfection and Natural Organic Matter, 1996, 649: 115-125.

[94] Korshin G V, Li C W, Benjamin M M. Use of UV spectroscopy to study chlorination of natural organic matter. Water Disinfection and Natural Organic Matter, 1996, 649: 182-195.

[95] Ozekin, K, Valentine R L, Vikesland P J. Modeling Chloramine Decomposition in Natural and Model Waters. Abstracts of Papers of the American Chemical Society, 1995, 210: 199.

[96] Heasley V L, F A M, Herman E E, Jacobsen F E, Miller E W, Ramirez A M, Royer N R, Whisenand J M, Zoetewey D L, Shellhamer D F. Investigations of the Reactions of Monochloramine and

122

Dichloramine with Selected Phenols: Examination of Humic Acid Models and Water Contaminants. Environ. Sci. Technol., 2004, 38 (19): 5022-5029.

[97] Vikesland P J, Ozekin, K, Valentine R L. Effect of natural organic matter on monochloramine decomposition: Pathway elucidation through the use of mass and redox balances. Environ. Sci. Technol., 1998, 32 (10): 1409-1416.

[98] Jafvert C T, Valentine R L. Reaction scheme for the chlorination of ammoniacal water. Environ. Sci. Technol., 1992, 26 (3): 577-586.

[99] Kouame Y, Haas C N. Inactivation of E. coli by combined action of free chlorine and monochloramine. Wat. Res., 1991, 25 (9): 1027-1032.

[100] Yamamoto, K, Fukushima, M, Oda K. Disappearance rates of chloramines in river water. Wat. Res., 1988, 22 (1): 79-84.

[101] Valentine R L, Jafvert C T, Leung S W. Evaluation of a chloramine decomposition model incorporating general acid catalysis. Wat. Res., 1988, 22 (9): 1147-1153.

[102] Jafvert C T, Valentine R L. Dichloramine decomposition in the presence of excess ammonia. Wat. Res., 1987, 21 (8): 967-973.

[103] Jensen J N, Donald Johnson, J, St Aubin, J, et al. Effect of monochloramine on isolated fulvic acid. Org. Geochem, 1985, 8 (1): 71-76.

[104] Larson M A, Marinas B J. Inactivation of Bacillus subtilis spores with ozone and monochloramine. Wat. Res., 2003, 37 (4): 833-844.

[105] Vikesland P J, Ozekin, K, Valentine R L. Monochloramine Decay in Model and Distribution System Waters. Wat. Res., 2001, 35 (7): 1766-1776.

[106] Lu W, Kiene L, Levi Y. Chlorine demand of biofilms in water distribution systems. Water Res., 1999, 33 (3): 827-835.

[107] Vikesland P J, Valentine R L. Reaction pathways involved in the reduction of monochloramine by ferrous Iron. Environ. Sci. Technol., 2000, 34 (1): 83-90.

[108] Valentine R L, Ozekin K, Vikesland P J. Chloramine decomposition in distribution system and model waters. AWWA Research Foundation, Denver, Co. 1998.

[109] Regan J M, Harrington G W, Baribeau, H, et al. Diversity of nitrifying bacteria in full-scale chloraminated distribution systems. Water Res., 2003, 37 (1): 197-205.

[110] Valentine R L. General acid catalysis of monochloramine disproportionation Environ. Sci. Technol., 1988, 22 (6).

[111] Vikesland P J, Ozekin, K, Valentine R L. Effect of Natural Organic Matter on Monochloramine Decomposition: Pathway Elucidation through the Use of Mass and Redox Balances. Environ. Sci.

Technol., 1998, 32（10）: 1409-1416.

[112] Bone C C, et al. Ammonia release from chloramines decay: implications for the prevention of nitrification episodes. Proceedings of AWWA Annual Conference, Chicago, Illinois., 1999.

[113] Harringtion G W, Noguera D R, Kandou A I, et al. Pilot-scale evaluation of nitrification control strategies. J. AWWA, 2002, 94（11）: 78-89.

[114] Wilczak, A, Hoover L L, Lai H H. Effects of treatment changes on chloramine demand and decay. J. AWWA, 2003, 95（7）: 94-106.

[115] Vikesland P J, Valentine R L. Iron oxide surface-catalyzed oxidation of ferrous iron by monochloramine: Implications of oxide type and carbonate on reactivity. Environ. Sci. Technol., 2002, 36（3）: 512-519.

[116] Feng, Y, Teo W K, Siow K S, et al. The corrosion behaviour of copper in neutral tap water. Part I: Corrosion mechanisms. Corr. Sci., 1996, 38（3）: 369-385.

[117] Wang Z, Liu Q, Yu J, Wu T, et al. Surface structure and catalytic behavior of silica-supported copper catalysts prepared by impregnation and sol-gel methods. Appl. Cat. A: General, 2003, 239（1-2）: 87-94.

[118] Zhang, X, Pehkonen S O, Kocherginsky, N, et al. Copper corrosion in mildly alkaline water with the disinfectant monochloramine. Corr. Sci., 2002, 44（11）: 2507-2528.

[119] Sanftner R W, Jones M M, Audrieth L F. Metal deactivators in synthesis of hydrazine. Ind. Eng. Chem., 1955, 47（6）: 1203-1206.

[120] Poskrebyshev G A, Huie R E, Neta P. Radiolytic Reactions of Monochloramine in Aqueous Solutions J. Phys. Chem. A., 2003, 107（38）: 7423-7428.

[121] Johnson H D, Cooper W J, Mezyk S P, et al. Free radical reactions of monochloramine and hydroxylamine in aqueous solution. Radiat. Phys. Chem., 2002, 65（4-5）: 317-326.

[122] Church J A. Kinetics of the uncatalyzed and Cu（II）-catalyzed decomposition of sodium hypochlorite. Ind. Eng. Chem. Res., 1994, 33, 239-245.

[123] Larson R A, Rockwell A L. Chloroform and chlorophenol production by decarboxylation of natural acids during aqueous chlorination. Environ. Sci. Technol., 1979, 13（3）: 325-329.

[124] Oliver B G, Shindler D B. Trihalomethanes from the chlorination of aquatic algae. Environ. Sci. Technol., 1980, 14（12）: 1502-1505.

[125] Peters C J, Young R J, Perry R. Factors influencing the formation of haloforms in the chlorination of humic materials. Environ. Sci. Technol., 1980, 14（11）: 1391-1395.

[126] Luong T V, Peters C J, Perry R. Influence of bromide and ammonia upon the formation of trihalomethanes under water-treatment conditions. Environ. Sci. Technol., 1982, 16（8）: 473-479.

[127] Boyce S D, Hornig J F. Reaction pathways of trihalomethane formation from the halogenation of dihydroxyaromatic model compounds for humic acid. Environ. Sci. Technol., 1983, 17 (4): 202-211.

[128] Fukayama M Y, Tan, H, Wheeler W B, Wei C I. Reactions of aqueous chlorine and chlorine dioxide with model food compounds. Environ. Health Perspect, 1986, 69: 267-274.

[129] Eldib M A, Ali R K. THMs formation during chlorination of raw Nile river water. Water Res., 1995, 29 (1): 375-378.

[130] Larson R A, Rockwell A L. Naturwissenschaften, 1978, 65: 490.

[131] Rockwell A L, Larson R A. In "Water Chlorination: Environmental Impact and Health Effects"; Jolley R L. et al. Eds, Ann Arbor Science Publishers: Ann Arbor, MI, 1978, 2: 67-74.

[132] Larson R A. Rockwell A L. Chloroform and chlorophenol production by decarboxylation of natural acids during aqueous chlorination. Environ. Sci. Technol., 1979, 13 (3): 325-329.

[133] Morris J C. Baum B In "Water Chlorination: Environmental Impact and Health Effects"; Jolley R L. et al. Eds, Ann Arbor Science Publishers: Ann Arbor, MI, 1978, 2: 29-48.

[134] Norwood D L, Johnson J D, Christman R F, Hass J R. Bobenrieth. M. J. Environ. Sci. Technol., 1980, 14: 187.

[135] Dotson D, Helz G R. Water Chlorination: Chemistry Environmental Impact and Health Effects, 5. Lewis Publishers, 1984.

[136] Korshin G V, Li C W, Benjamin M M. Monitoring the properties of natural organic matter through UV spectroscopy: a consistent theory. Water Res., 1997, 31 (7): 1787.

[137] Norwood D L, Johnson J D, Christamn R F, et al. Reaction of chlorine with selected aromatic models of aquatic humicmaterial. Environ. Sci. Technol., 1980, 14 (2): 187-190.

[138] Chang E E, Chiang P C, Chao S H, et al. Relationship between chlorine consumption and chlorination by-products formation for model compounds. Chemosphere, 2006, 64: 1196-1203.

[139] Rossman L A, Clark R M, Grayman W M. Modeling chlorine residuals in drinking-water distribution systems. J. Environ. Engng., 1994, 120 (4): 803.

[140] Vasconcelos J J, Rossman L A, Grayman W M, et al. Kinetics of chlorine decay. J. AWWA, 1997, 89 (7): 54.

[141] Allen M J, Taylor R H, Geldreich E E. The occurrence of microorganisms on water main encrustations. J. AWWA, 1980, 72 (11): 614.

[142] Tuovinen O H, Mair D M, Banovic J. Chlorine demand and trihalomethane formation by tubercles from cast iron water mains. Environ. Technol.Lett., 1984, 5: 97.

[143] Rossman L A, Brown R A, Singer P C, et al. DBP formation kinetics in a simulated distribution system. Water Research, 2001, 35 (14): 3483-3489.

[144] van der Wende，E，Characklis W G，Smith D B. Biofilms and bacterial drinking water quality. Water Research，1989，23（10）：1313-1322.

[145] Garcia-Villanova R J，Garcia，C，Gomez J A，et al. Formation，evolution and modeling of trihalomethanes in the drinking water of a town：II. In the distribution system. Water Research，1997，31（6）：1405-1413.

[146] 吴艳. 配水管网系统中消毒副产物的研究. 哈尔滨工业大学市政工程系，2006.

[147] Chun C L，Hozalski R M，Arnold T A. Degradation ot drinking water disinfection byproducts by synthetic goethite and magnetite. Environ. Sci. Technol.，2005，39（21）：8525-8532.

[148] Chun C L，Hozalski R M，Arnold W A. Degradation of disinfection by-products by Fe（II）in the presence of synthetic goethite and magnetite. Abstracts of Papers of the American Chemical Society，2005，230：U1532-U1533.

[149] Chun C L，Hozalski R M，Arnold W A. Degradation of Disinfection Byproducts by Carbonate Green Rust.，2007，41：1615-1621.

[150] Chun C L，Penn R L，Arnold W A. Kinetic and microscopic studies of reductive transformations of organic contaminants on goethite. Environ. Sci. Technol.，2006，40（10）：3299-3304.

[151] Pearson C R，Chun C L，Hozalski R M，et al. Degradation mechanisms of disinfection by-products in the presence of Fe（0）. Abstracts of Papers of the American Chemical Society，2004，228：U611-U611.

[152] Li B，Liu R，Liu H，Gu J，et al. The formation and distribution of haloacetic acids in copper pipe during chlorination. Journal of Hazardous Materials，2008，152（1）：250-258.

[153] Li B，Qu J，Liu H，Hu C. Effects of copper（II）and copper oxides on THMs formation in copper pipe. Chemosphere，2007，68（11）：2153-2160.

[154] Aiken G R，Mc Knight D M，Wershaw R L，et al. Humic substances in soil，sediment and water：geochemistry and characterization. Wiley Interscience，New York，1985.

[155] Lee J. Complexation analysis of fresh waters by equilibrium diafiltration. Water Res.，1983，17（5）：501-510.

[156] Li B，Liu R，Liu H，et al. The formation and distribution of haloacetic acids in copper pipe during chlorination. J. Hazard. Mater.，2008，152（1）：250-258.

[157] Buerge-Weirich D，Sulzberger B. Formation of Cu（I）in Estuarine and Marine Waters：Application of a New Solid-Phase Extraction Method To Measure Cu（I）. Environ. Sci. Technol.，2004，38（6）：1843-1848.

[158] Moffett J W，Zika R G，Petasne R G. Evalution of bathocuproine for the spectrophotometric determination of coppper（I）in copper redox studies with applications in studies of natural waters Anal. Chim. Acta，1985，175：171-179.

[159] Hand V C, Margerum D W. Kinetics and mechanisms of the decomposition of dichloramine in aqueous solution. Inorg. Chem., 1983, 22（10）: 1449-1456.

[160] Valentine R L, Brandt K I, Jafvert C T. A spectrophotometric study of the formation of an unidentified monochloramine decomposition product. Wat. Res., 1986, 20（8）: 1067-1074.

[161] Qiang, Z, Adams C D. Determination of monochloramine formation rate constants with stopped-flow spectrophotometry. Environ. Sci. Technol., 2004, 38（5）: 1435-1444.

[162] Snyder M P, Margerum D W. Kinetics of chlorine transfer from chloramine to amines, amino acids, and peptides. Inorg. Chem., 1982, 21（7）: 2545-2550.

[163] Ricci A, Rosi M. Gas-Phase Chemistry of $NH_xCl_y^+$. 1. Structure, Stability, and Reactivity of Protonated Monochloramine. J. Phys. Chem. A., 1998, 102（49）: 10189-10194.

[164] Pepi F, Ricci A, Rosi M. Gas-Phase Chemistry of NH_xCl_y+ Ions. 3. Structure, Stability, and Reactivity of Protonated Trichloramine. J. Phys. Chem. A., 2003, 107（12）: 2085-2092.

[165] Paciolla M D, Davies, G, Jansen S A. Generation of hydroxyl radicals from metal-loaded humic acids. Environ. Sci. Technol., 1999, 33（11）: 1814-1818.

[166] Folkes L K, Candeias L P, Wardman P. Kinetics and mechanisms of hypochlorous acid reactions. Arch. Biochem. Biophys., 1995, 323（1）: 120-126.

[167] Koppenol W H, Butler J. Energetics of interconversion reactions of oxyradicals. Adv. Free Radic. Biol. Med., 1985, 1: 91-131.

[168] Ma J, Graham N J. D. Degradation of atrazine by manganese-catalysed ozonation—influence of radical scavengers. Wat. Res., 2000, 34（15）: 3822-3828.

[169] Neta P, Huie R E, Ross A B. Rate constants for reactions of inorganic radicals in aqueous solution. J. Phys. Chem. Ref. Data, 1988, 17: 1027-1284.

[170] Sisler H H, Boatman C E, Neth F T, et al. The chloramine-ammonia reaction in pure water and in other solvents. J. Am. Chem. Soc., 1954, 76（15）: 3912-3914.

[171] Kirmeyer G J, G W P, Foust G L, et al. Optimizing chloramine treatment, Prepared for the American Water Works Association Research Foundation（1993）.

[172] Hua G, Reckhow D A. Comparison of disinfection byproduct formation from chlorine and alternative disinfectants. Water Res., 2007, 41（8）: 1667-1678.

[173] Acero J L, von Gunten U. Influence of carbonate on the ozone/hydrogen peroxide based advanced oxidation process for drinking water treatment. Ozone Sci. Eng., 2000, 22: 305-328.

[174] Gallard H, von Gunten U. Chlorination of natural organic matter: kinetics of chlorination and of THM formation. Water Res., 2002, 36（1）: 65-74.

[175] Kasim K, Levallois P, Johnson K C, et al. Chlorination disinfection by-products in drinking water and

the risk of adult leukemia in Canada. Original contribution. AM J. Epidemiol., 2006, 163(2): 116-126.

[176] Bansal V K, Kumar R, Prasad R, et al. Catalytic chemical and electrochemical wet oxidation of phenol using new copper(II)tetraazamacrocycle complexes under homogeneous conditions. J. Mol. Catal. A: Chem., 2008, 284 (1-2): 69-76.

[177] Saito T, Koopal L K, Nagasaki S, et al. Analysis of copper binding in the ternary system Cu^{2+}/humic acid/goethite at neutral to acidic pH Environ. Sci. Technol., 2005, 39 (13): 4886-4893.

[178] Alvarez-Puebla R A, Valenzuela-Calahorro, C, Garrido J J. Cu (II) retention on a humic substance. J. Colloid Interf. Sci., 2004, 270 (1): 47-55.

[179] Hernández D, Plaza C, Senesi N, et al. Detection of copper (II) and zinc (II) binding to humic acids from pig slurry and amended soils by fluorescence spectroscopy. Environ. Pollut., 2006, 143 (2): 212-220.

[180] Streicher R P, Zimmer H, Bercz J P, et al. The interactions of aqueous solutions of chlorine with citric acid: a source of mutagens. Anal. Lett., 1986, 19: 681-696.